O PODER DAS PALAVRAS

Mariano Sigman

O poder das palavras

Como transformar seu cérebro (e sua vida) conversando

TRADUÇÃO
Cássio de Arantes Leite

Copyright © 2022 by Mariano Sigman

Grafia atualizada segundo o Acordo Ortográfico da Língua Portuguesa de 1990, que entrou em vigor no Brasil em 2009.

Título original
El poder de las palabras: Cómo cambiar tu cerebro (y tu vida) conversando

Capa e ilustração
Helena Hennemann | Foresti Design

Ilustrações de miolo
Javier Royo

Preparação
Dante Luiz

Revisão
Natália Mori
Julian F. Guimarães

Dados Internacionais de Catalogação na Publicação (CIP)
(Câmara Brasileira do Livro, SP, Brasil)

Sigman, Mariano
    O poder das palavras : Como transformar seu cérebro (e sua vida) conversando / Mariano Sigman ; tradução Cássio de Arantes Leite. — 1ª ed. — Rio de Janeiro : Objetiva, 2023.

    Título original : El poder de las palabras : Cómo cambiar tu cerebro (y tu vida) conversando.
    ISBN 978-85-390-0761-5

    1. Conversação — Aspectos sociais 2. Desenvolvimento socioemocional 3. Diálogos 4. Neuropsicologia I. Leite, Cássio de Arantes. II. Título.

23-154174   CDD-152.4

Índice para catálogo sistemático:
1. Neuropsicologia das emoções : Psicologia   152.4
Tábata Alves da Silva — Bibliotecária — CRB-8/9253-0

Todos os direitos desta edição reservados à
EDITORA SCHWARCZ S.A.
Praça Floriano, 19, sala 3001 — Cinelândia
20031-050 — Rio de Janeiro — RJ
Telefone: (21) 3993-7510
www.companhiadasletras.com.br
www.blogdacompanhia.com.br
facebook.com/editoraobjetiva
instagram.com/editora_objetiva
twitter.com/edobjetiva

A Fran

Sumário

Apenas um dia ruim 9
Mapa do livro 15

1. As histórias que contamos a nós mesmos
Como melhorar o modo de raciocinar 19

2. A arte da conversa
Como tomar decisões melhores 55

3. A narrativa de si mesmo
Como editar nossa memória e descobrir quem somos 99

4. Os átomos do pensamento
Como elucidar nossa maneira de pensar e sentir 163

5. O governo das emoções
Como assumir o controle de nossa vida emocional 217

6. Aprenda a falar consigo mesmo
Como ser mais amável com as pessoas que mais amamos 277

Epílogo: O espelho de Feynman 319
Agradecimentos 323

Apenas um dia ruim

"Impossível. Você vai correr contra duzentos garotos mais velhos", explicaram ao meu irmão quando ele disse, no meio do jantar, que poderia ficar entre os primeiros da corrida na escola. No dia seguinte, Leandro chegou em casa com um sorriso de orelha a orelha e uma medalha no pescoço. Um ano depois, foi minha vez de competir, e expressei o mesmo otimismo. Tendo em mente o que acontecera com meu irmão, meus pais não pensaram duas vezes em pegar a espalhafatosa câmera daqueles tempos para registrar a façanha.

Um bando imenso de meninos em trajes de atletismo aguardava a largada em um circuito lamacento e esburacado por sulcos profundos. Mal saímos e eu já tinha percebido que nesse dia não haveria medalha alguma. Fui ultrapassado por todos os lados, a toda velocidade, e quando estava entre os últimos, subindo uma encosta que penetrava na mata, senti tontura, moleza nas pernas, um nó nas tripas, e poucos segundos depois, eu estava de joelhos, vomitando em uma árvore.

Quando recuperei energia suficiente para levantar e caminhar em último lugar até a chegada, pensei: "Não nasci para os esportes". Na época, eu era um prodígio dos números; os professores de matemática me juntavam a garotos cada vez mais velhos para encontrar os limites da minha capacidade de cálculo mental. Era esse meu lugar. Bom de pensar, ruim de correr: minha constituição era frágil, eu não tinha casca alguma e não era dotado da força nem da índole necessárias para uma corrida.

Lá fiquei e permaneci por quarenta anos. Até que, certo dia, após uma leve corrida de dois quilômetros, senti uma dor no peito. Horas depois, estava na ala de cardiologia com o corpo cheio de cabos. A enfermeira explicou que havia diversas obstruções em minhas coronárias e que fariam um cateterismo da virilha ao coração para desentupi-las. Eu tremia de frio, enquanto repetia compulsivamente que tudo ficaria bem. Dito e feito: as obstruções eram menos graves do que o anunciado.

De volta a Madri, para onde me mudara há pouco tempo, comprei uma bicicleta. Um dia, no inverno, vestindo calça larga e casacão de lã, saí para percorrer os quinze quilômetros mais decisivos da minha vida. Eu pedalava confortavelmente, com a sensação de andar a uma velocidade ideal em meio à natureza. Os quinze quilômetros viraram trinta, setenta, cem, duzentos. Assim, quando recebi um convite para jantar, a trezentos e cinquenta quilômetros de casa, fui pedalando como se fosse a coisa mais natural do mundo. Em algum momento desse trajeto, onde assisti ao amanhecer, cruzei bosques e montanhas e avancei sozinho contra o vento, lembrei do personagem interpretado por Sean Penn em *Dogma do amor*, que, ao tomar uma série de comprimidos para superar o medo de viajar de avião, vive o efeito inverso: voa e não volta a pôr os pés na terra. Assim estava eu com minha bike.

Alguns meses após ter dado início a essas aventuras, fui à Morcuera, uma montanha com uma subida duríssima de aproximadamente nove quilômetros, e cheguei ao topo quase duas horas depois. Voltei várias vezes e a Morcuera se converteu, como para tantos outros ciclistas, em um termômetro da minha condição física. Eu a subia cada vez mais rápido: em noventa minutos e, pouco depois, setenta. Cinquenta, quarenta e cinco, quarenta e dois, quarenta e, finalmente, trinta e oito minutos. E, ainda que fosse um tempo muito menor do que jamais imaginara conseguir, propus-me a um novo desafio: cobrir o percurso em menos de trinta e cinco minutos.

    Treinei com afinco. Aguardei um dia de sol, sem muito calor e com pouco vento. Passei pela oficina de Ángel, que me contou, enquanto regulava as engrenagens da bicicleta, que subira a montanha com tanta pressa que nem sequer percebera que na metade do caminho havia um lago. Chegando ao sopé da montanha, comecei a pedalar feito um condenado. Já estava quase sem fôlego e lutava insistentemente contra o suor que irritava meus olhos quando avistei à esquerda, no meio do vale, o volume d'água. Lembrei de Ángel e imaginei tantos outros que haviam passado por esse mesmo lugar com as pernas queimando, em busca do próprio limite. Enxuguei os olhos e continuei a pedalar com todas as forças que tinha, sem escutar nada além do som da corrente da bicicleta até que o bosque se abriu e o vento soprou em meu rosto. Faltavam apenas cerca de trezentos metros, a última rampa. Fiquei de pé nos pedais e fixei os olhos na roda dianteira, que oscilava de um lado para o outro com todo o peso do meu corpo. Pouco depois, finalmente, pedalar ficou mais fácil. Eu estava em terreno plano. Só então ergui a cabeça e vi a placa marrom sobre duas estacas cinzentas onde se lia, "PASSO DA MORCUERA: 1796 M". Vi a pista estreita e mal pintada alargando-se na planície até desaparecer do outro lado da montanha. A terra escura, com borrões de neve suja de lama e um casal tomando café da manhã em uma mesa de alumínio.

Larguei a bicicleta no chão e me joguei ao lado dela. Descansei alguns segundos para recuperar a vida aos poucos e olhei o cronômetro: 32:43. Eu havia pulverizado meu tempo. O som desse número se transformou numa rima perfeita: "Trinta e dois, quarenta e três; trinta e dois, quarenta e três; trinta e dois, quarenta e três". Repeti isso como Antoine Doinel repetindo seu nome diante do espelho para sentir a vida no corpo.

Fiquei com falta de ar. Estava exausto, zonzo, enjoado, prestes a vomitar. Depois de trinta minutos com um batimento cardíaco de cento e oitenta, meu corpo se manifestava exatamente como aos oito anos, quando, em plena corrida, passei mal junto à árvore. E aí me lembrei da frase: "Não nasci para os esportes".

Levei quarenta anos e trinta e dois minutos para entender como estava errado. Não é que me faltasse índole quando criança. O que faltava, na verdade, era uma boa condição física para a corrida, por eu não ter inclinação natural ou por não ter treinado o suficiente. Dada essa condição, cheguei ao meu limite. Talvez, inclusive — algo que deveria sim ter aprendido —, tenha ido bem além dele.

Em retrospecto, os trinta e dois minutos e quarenta e três segundos na Morcuera mudaram minha infância. Abracei o menino que fui. Com ternura, afeto e um grande sorriso, pedi desculpas a ele por não ter honrado o esforço que ele havia feito, por não tê-lo compreendido. Levei todo esse tempo para reinterpretar esse episódio que foi o ponto de partida de um estigma criado por mim mesmo: "Não nasci para os esportes". Se tivesse optado por outra frase, como "Foi só um dia ruim, você fez o que pôde e ainda tem muito a melhorar", talvez a história tivesse sido outra.

Escrevi este livro por acreditar que há poucas coisas mais dignas de nosso tempo do que descobrir como mudar a condição futura do que fazemos e do que não fazemos, do que sentimos, do que somos. O projeto começou num espírito de divulgação científica e terminou por se converter numa viagem introspectiva para investigar os lugares da minha vida em que eu estava mais estagnado. Espero que algo disso tudo também sirva a você. Eu o escrevi com base em dados e na ciência, confiante de que constitui uma boa ferramenta para nos tornarmos pessoas melhores e para nos sentirmos melhor: para encontrarmos, definitivamente, a melhor versão de nós mesmos.

Mapa do livro

Nossa mente é muito mais maleável do que imaginamos. Ainda que pareça surpreendente, conservamos durante toda a vida a mesma capacidade de aprender que tínhamos na infância. O que de fato perdemos com o passar do tempo é a motivação para aprender e, assim, construímos crenças sobre o que não podemos ser: aquele que se convence de que matemática não é sua praia, a que sente não ter nascido para a música, a que se considera incapaz de conter a própria irritação, o que não consegue superar o próprio medo. Demolir essas sentenças é o ponto de partida para melhorar qualquer coisa a qualquer momento da vida.

Eis a *boa notícia*: podemos mudar nossa condição mental e emocional, mesmo quando nossos problemas parecem profundamente enraizados. A *má notícia* é que, para essa transformação ocorrer, não basta querer. Temos de aprender a tomar boas decisões em domínios onde nos acostumamos a resolver as coisas no piloto automático. Assim como concluímos na velocidade da luz se alguém nos parece confiável, inteligente ou divertido, nossos juízos a respeito de nós mesmos também são precipitados e imprecisos. É esse hábito que precisamos mudar.

Por sorte, *a má notícia não é tão má assim*. Temos uma ferramenta simples e potente à nossa disposição: as boas conversas. A ideia não é nova, pode ser encontrada, em particular, na base de nossa cultura: quase toda a filosofia grega foi construída com o intercâmbio de ideias em simpósios, caminhadas e banquetes. O grande pensador francês Michel de Montaigne colocava essa ideia em prática: numa época de confrontos e assassinatos brutais, escapou de sucessivos ataques retribuindo com festins e conversas quem o atacava a golpes de sabre.

Atualmente, a conversa se faz mais presente do que nunca em todo tipo de meio e formato, e podemos falar com pessoas que se encontram nos lugares mais remotos do mundo. Mas, ao mesmo tempo, parece ter perdido seu poder, desdenhamos dela como se fosse papo furado e ficamos céticos quanto à sua capacidade de nos ajudar a pensar melhor. Mostrarei ao longo do livro que essa percepção é infundada; que a *boa* conversa é a mais extraordinária fábrica de ideias ao nosso alcance, a ferramenta mais poderosa para que nos transformemos, levemos uma vida emocional mais plena e sejamos pessoas melhores.

Nos últimos anos, a ciência da conversa avançou, e suas conclusões podem nos encher de otimismo. Aprendemos com ela que o diálogo melhora substancialmente as decisões e o raciocínio e, de um modo geral, esclarece tanto as ideias que fazemos sobre o mundo quanto sobre nossa forma de sentir. O motivo é simples: o intercâmbio de ideias torna visíveis processos mentais que de outro modo passariam despercebidos. Ele funciona como uma *torre de controle* para detectar erros e vislumbrar possíveis alternativas. Esse efeito é tão geral que se irradia para todos os domínios da cognição.

O livro é composto de um dispositivo e um horizonte. O dispositivo é a boa conversa; o horizonte, as emoções. Descobriremos em cada capítulo o poder privilegiado das palavras para mudar aspectos distintos de nossa mente: o raciocínio, as decisões e crenças, a memória, as ideias e, finalmente, as emoções.

1. As histórias que contamos a nós mesmos

Como melhorar o modo de raciocinar

PLANO DE TRABALHO

Reagimos automaticamente a problemas complexos com a informação escassa que temos em nossa mente. Por exemplo, em menos de um segundo, formamos todo tipo de opiniões sobre uma pessoa que acabamos de conhecer. Como não estamos nem sequer a par de todos os aspectos e argumentos que não levamos em consideração, costumamos chegar a conclusões equivocadas, mas confiando plenamente nelas.

Esse viés converte a língua numa faca de dois gumes. Por um lado, sua capacidade de combinar palavras lhe dá uma precisão potencialmente infinita. Porém, na prática, esse recurso nunca é utilizado. E, assim, acabamos comunicando de forma muito rudimentar o que queremos expressar. Por exemplo, descrever com poucas palavras emoções cheias de nuances nos impede de reconhecer e distinguir um contínuo muito vasto de anseios e angústias. Ao resumir um sentimento complexo numa frase como "estou triste" ou "gosto de Fulano", a oração se converte num filtro através do qual percebemos a realidade. É a propriedade reflexiva da linguagem: a capacidade que o enunciado tem de modificar o que está sendo descrito. Sobretudo nós mesmos.

O olhar parcial e distorcido faz com que às vezes seja difícil distinguir o verdadeiro do falso, algo hoje tornado moeda corrente nas fake news. Mas essa miopia não é exclusiva dos mundos remotos e desconhecidos. Está mais para uma idiossincrasia da nossa cognição: a mentira se funde à verdade e, nessa mistura — as fake news sobre nós mesmos —, vamos construindo nosso próprio personagem.

Uma vez compreendido que esses vieses de nossa cognição nos levam a todo tipo de erro, proponho uma solução: aprender a conversar. Essa ferramenta ancestral, ao mesmo tempo tão simples e tão poderosa, torna visíveis as falhas de raciocínio que costumam passar despercebidas. O diálogo nos permite resolver e, desse modo, melhorar substancialmente nossa forma de pensar.

Em 15 de abril de 2013, pouco antes das três da tarde, duas bombas explodiram muito próximas à linha de chegada da Maratona de Boston, em meio aos festejos de rua. Os responsáveis pelo atentado protagonizaram uma fuga cinematográfica que incluiu o sequestro de um motorista, o arremesso de bombas caseiras, o assassinato de um policial no campus do Instituto Tecnológico de Massachusetts (MIT) e várias trocas de tiros em zonas residenciais da cidade. O atentado de Boston foi uma das primeiras notícias transmitidas em tempo real pelas redes sociais, e Sorosuh Vosoughi, um de seus primeiros espectadores. De seu escritório, no MIT, ele presenciou o desenrolar do drama na vizinhança do Twitter e em seu bairro, e compreendeu algo que, pouco tempo depois, ficaria evidente para todo mundo: era muito difícil, quase impossível, separar o falso do verdadeiro. O vírus da linguagem encontrou terreno fértil nas mídias sociais.

O PODER DAS PALAVRAS

Vosoughi avançou pelos corredores que iam de sua sala à de seu orientador e falou sem rodeios que queria mudar sua tese de doutorado. A partir desse momento, ele se dedicaria ao desenvolvimento de uma ferramenta para checar a veracidade dos rumores que circulavam pelo Twitter. Em um esforço computacional sem precedentes, às portas da ciência de Big Data, ele analisou uma quantidade prodigiosa de tuítes: milhões e milhões de mensagens com opiniões e fatos sobre esportes, política, celebrações, amor, inveja, ódio... Seu objetivo ficava entre a prática e a teoria: conceber um algoritmo capaz de separar, nesse banco de dados aparentemente infinito, as frases verdadeiras das falsas. Mensagens falsas costumam ser mais curtas? Têm mais sinais de exclamação? Existem palavras mais propensas a formar parte de uma mentira que de uma verdade? A credibilidade é conferida pela mensagem ou pelo mensageiro?

Alguns anos depois, essas perguntas (e muitas de suas respostas) se tornaram comuns. Contudo, naquela época, a descoberta de Vosoughi e sua equipe foi das mais surpreendentes. O melhor indicativo da veracidade ou falsidade de um tuíte não é o que diz, nem como foi escrito, nem quem o escreveu, e sim como se comportam seus leitores.

A mentira é facilmente reconhecível porque se alastra como fogo. Vosoughi percebeu isso nas áreas mais diversas: política, ideologia, esportes, fofocas. As fake news se propagam "mais rápido, mais longe e mais amplamente"* que notícias verdadeiras. Somos mais propensos a comunicar falsidades do que verdades. A pergunta é: por que agimos assim?

O motivo é que as falsidades não são tolhidas pelos limites circunstanciais que a realidade impõe. E essa liberdade permite o exagero de determinadas dimensões do discurso, como por exemplo o emocional, algo particularmente atraente para o cérebro. William Brady, pesquisador da Universidade de Nova York, descobriu que a difusão de uma mensagem aumenta ao ritmo nada desprezível de aproximadamente 20% para cada palavra com conteúdo emocional que é adicionada.

Por que acreditamos em mentiras?

Esses artifícios não são exclusivos das fake news. Estão em toda a ficção, na que mergulhamos e na que habitamos. A elevação dos batimentos cardíacos de alguém que caminha pela beira

---

* Em inglês, *farther, broader and faster*: quase um filme de Vin Diesel.

do precipício em um jogo de realidade virtual é indistinguível da experimentada na vida real. Dessa forma se confundem no corpo o verdadeiro e o falso, a realidade e a ficção. Os mundos que se acham de um lado e de outro do dispositivo coexistem de uma maneira muito particular. Às vezes estamos tão concentrados na experiência virtual que quase esquecemos seu caráter irreal. Mas, se em algum momento nos perguntarem onde estamos, não hesitaremos em responder que esse universo ilusório não passa de um jogo. Pablo Maurette afirma que somos seres anfíbios: entramos e saímos da ficção como uma rã sai da água, sem esforço, e às vezes sem sequer nos darmos conta de que mudamos de ambiente. Ao longo do processo evolutivo, algumas espécies anfíbias perderam essa condição e se converteram em habitantes de um único meio. O mesmo acontecerá conosco? Perderemos a qualidade anfíbia que nos permite transitar entre a ficção e a realidade? Será a ficção o habitat definitivo de nossa espécie?

Na realidade virtual, utiliza-se o termo *presença* para aludir a esses momentos em que nos fundimos plenamente à ficção. O que nos leva a esquecer que o mundo virtual não passa de uma invenção? A resposta não é o que supomos. Pouco importa que seja uma réplica fiel da realidade em seus infinitos detalhes. Mavi Sanchez Vives descobriu em seu laboratório de realidade virtual que o que gera a presença não é a sensação de "estar ali", mas sim de "fazer ali". Ou como muito antes e sem tanta tecnologia propôs o filósofo alemão Martin Heidegger a respeito da experiência humana: *dasein*, o "ser-aí". Esse conceito abstrato aparece com frequência na nossa vida, das brincadeiras infantis aos sonhos. Quando a criança brinca de montar usando um cabo de vassoura, sabe perfeitamente que o pedaço de pau não é um cavalo — além do mais, se ele se convertesse em um animal real, a criança ficaria muito assustada. O que confere presença a esse mundo que se resume a um pedaço de pau são as cavalgadas da criança e os inimigos que ela enfrenta.

Assim, compreendemos por que a ficção não precisa criar um mundo parecido com o lugar onde vivemos. Não faz diferença para ninguém. Não é isso que confere presença. Um exemplo clássico são os filmes em preto e branco: a ruptura cromática com a realidade — o mundo nunca é visto em preto e branco exceto no cinema ou na fotografia — além de não romper com a presença muitas vezes a outorga. Nos truques de mágica, isso fica ainda mais evidente. Todo mundo sabe que o lenço do mágico não se transformou numa pomba, mas isso não desfaz o assombro. Costumamos associar a presença à "vontade de suspender momentaneamente a incredulidade", mas essa ideia é um pouco imprecisa porque a presença não se oferece de forma voluntária. Ela ocorre à nossa revelia, como parte da nossa condição anfíbia.

Na literatura, a presença é conferida pela coerência interna, graças à qual a narrativa flui e o leitor pode mergulhar sem perturbações no outro lado de seu mundo anfíbio. Jorge Luis Borges resume essa ideia melhor do que ninguém:* "O que significa para mim ser escritor? Significa simplesmente ser fiel à minha imaginação. Quando escrevo, não concebo algo como objetivamente verdadeiro (o puramente objetivo é uma trama feita de circunstâncias e acidentes), mas como verdadeiro por ser fiel a algo mais profundo. Quando escrevo um conto, eu o faço porque acredito nele: não como alguém que acredita em algo meramente histórico, mas, antes, como alguém que acredita em um sonho ou em uma ideia".

O cabo de vassoura convertido em cavalo de pau é apenas uma das muitas fabulações que abundam na infância. A linha que separa a brincadeira da ficção é muito fina e, quando somos crianças, as fantasias costumam se transformar em mentiras sempre que ultra-

---

* Mesmo que você ache difícil de acreditar!

passam sua própria esfera. Aí surge o olhar cético dos outros e a realidade começa a pedir explicações que exigem malabarismos cada vez mais acrobáticos.

Todos temos nossas recordações. Uma das minhas se passa em 1982, quando o Barcelona anunciou a contratação de Diego Armando Maradona. Ele viria para a cidade onde eu morava há seis anos. Meus colegas na escola me perguntaram se o conhecia e eu afirmei que sim categoricamente. O assunto não teria maiores consequências se não fosse o seguinte infortúnio: de todos os lugares possíveis, Maradona foi morar a cem metros de nossa escola. E, por mais malabarismos que eu fizesse, a pressão dos meus colegas para lhes apresentar *meu amigo* Maradona foi tão grande que, no final, cedi. Às oito da manhã de um dia de inverno, pouco antes de sairmos para uma excursão, fomos em bando fazer-lhe uma visita. Minha tentativa de convencer os guardas na propriedade sobre minha amizade com Maradona gritando que eu também era argentino foi das mais ineficazes e a mentira se desfez ipso facto, sem algoritmos, sem Twitter, sem viralização. Ela se espatifara contra a realidade, e eu me espatifei com ela.

Muito tempo depois, em Vancouver, cabia-me compartilhar o palco do TED com Kang Lee, professor de psicologia social da Universidade de Toronto, que contou uma história sobre as mentiras infantis. Em que momento a criança começa a mentir? E, principalmente, por quê? Kang mostrou que mentir faz parte de um exercício cognitivo fundamental. Na mentira se ensaia a compreensão do outro; em especial a diferença entre o que alguém sabe e o que os outros sabem, algo que na psicologia se conhece como *teoria da mente*.* Minha amizade com Maradona era um exercício de ficção: uma maneira de emular histórias coerentes e verossímeis, de erodir a realidade para criar uma narrativa intrigante. Ainda que a bolha da ficção tenha inchado até estourar contra os armários que guardavam a porta da casa dele.

Fake news sobre nós mesmos

A grande virtude das palavras é, ao mesmo tempo, seu grande estigma. A fantástica capacidade que têm de construir mundos coerentes permite-nos expressar o que tememos e desejamos, mas também confere à história narrada um impulso próprio. Já vimos isso antes: acreditamos em mentiras. As fake news são mais contagiosas, principalmente quando a narrativa transmitida refere-se a

---

* Certa tarde, assim que cheguei em casa, Noah, meu filho de três anos, perguntou-me se Lesly, a pessoa que cuidava dele enquanto trabalhávamos, já havia ido embora. Respondi que não. Trinta segundos depois, ele voltou a perguntar e, dali a vinte segundos, continuou a insistir, até que finalmente, cinco minutos mais tarde, respondi que sim, que Lesly fora embora. Então ele me fitou com um sorriso que o teria entregado mesmo sem todo esse contexto e disse: "Já tomei banho". Essas contradições da mente infantil me comovem. A astúcia sofisticada de compreender que há uma única testemunha capaz de provar a falsidade de seu relato coexistindo com a ingenuidade de expressar tão manifestamente a vontade de assegurar que essa testemunha esteja ausente.

nós mesmos. "Estou triste", "estou feliz", "estou angustiado". Cada uma dessas frases costuma fazer muito mais do que descrever uma emoção. São como uma sentença. A interpretação delas resulta em ações que influenciam e condicionam o mesmo universo que tentam descrever: elas podem ser *fake news sobre nós mesmos*.

O célebre investidor George Soros pôs à prova os limites dessa ideia em um dos laboratórios mais fascinantes do comportamento humano: o mercado financeiro. Soros estudara economia e era discípulo de Karl Popper, um dos grandes filósofos da ciência. Quando terminou essa trajetória acadêmica, ele concebeu dois grandes princípios que foram decisivos para sua compreensão do mercado financeiro: a *falibilidade* e a *reflexividade*. A falibilidade afirma que as ideias das pessoas sobre "o mundo" nunca correspondem exatamente à realidade. Nenhuma teoria ou opinião geral está isenta de distorção: ela é necessariamente imperfeita. E é aí que entra em ação a reflexividade: uma vez enunciada a teoria, agimos como se estivesse correta e assim lhe atribuímos consistência. Eis a profecia autorrealizável.

No mundo financeiro, essas duas regras se concatenam num exemplo clássico. Os investidores constroem a crença de que determinada ação do mercado é valiosa. Se a realidade contradiz essa crença, normalmente saem perdendo. É o princípio da falibilidade; apostaram mal, perderam. Às vezes, contudo, o princípio da reflexividade entra em ação e impede esse fracasso. A crença compartilhada por esses investidores governa seu comportamento, passa por cima de tudo e eles continuam a investir cegamente. Consequentemente, a ação sobe e se torna um bom investimento, ao menos por um tempo. O ciclo se retroalimenta e dá lugar às bolhas financeiras, essas estufas do mercado que Soros compreendeu melhor do que qualquer um. Quando uma bolha cresce a um ritmo frenético, encontra seu combustível não no mundo corporativo, em seus produtos ou na tecnologia, e sim na força reflexiva das crenças. A ação sobe, realimentando o entusiasmo dos investidores, que aumenta seu preço ainda mais, em um ciclo que desconecta o mundo financeiro dos ativos que representa. Aparentemente, isso poderia prosseguir até o infinito. Mas não. Porque, em algum momento, como na minha história sobre Maradona, os malabarismos da fabulação se desfazem e a bolha é espatifada contra a realidade. E estoura.

Os princípios da falibilidade e da reflexividade pertencem ao senso comum e são estudados há muito tempo na psicologia e na sociologia. O mérito de Soros foi confiar nesses princípios, ressaltar a relevância deles e colocá-los em prática para atuar no mercado financeiro. Aqui, peguei esses princípios emprestados com a mesma premissa: ressaltar a relevância deles e colocá-los em prática para compreender o pensamento humano.

Vamos voltar às condenações com as quais iniciamos esta seção: "estou triste", "estou feliz", "estou angustiado". Agora podemos revisitá-las à luz dos dois princípios que enumeramos. Essas *teo-*

rias estão distorcidas e enviesadas. É o princípio de falibilidade, que não seria tão problemático se não fosse o fato de, acima, termos sumariamente ignorado que os enunciados sobre o que sentimos são necessariamente imperfeitos, com o que podemos não perceber que confundimos a frustração com a raiva ou o medo com a ansiedade. Não precisamos de muita filosofia para achar uma explicação. Já o cantava a banda Aventura em seu celebrado sucesso "No Es Amor": "Não, oh, não é amor o que você sente/ Se chama obsessão/ Uma ilusão em seu pensamento que te faz fazer coisas/ Assim funciona o coração".

O problema é ainda pior. Além de passarem despercebidas, essas confusões são potencializadas pela reflexividade. As sentenças mencionadas fazem muito mais do que descrever uma emoção: elas influenciam e condicionam o que sentimos. São fake news sobre nós mesmos que, uma vez enunciadas, convertem-se em veredictos com força reflexiva capaz de produzir uma "bolha psicológica". Ainda que, na realidade, a gente sinta frustração, só o fato de pensar que sentimos raiva termina por nos irritar: é a profecia autorrealizável nos domínios da mente.

A frase "hoje me sinto mal" é uma teoria que pretende descrever de forma simples um corpo de dados complexos. Como qualquer hipótese, está correta apenas em parte e precisa ser refinada e esclarecida. Talvez o que sintamos na verdade seja sono, tédio ou monotonia. A teoria pode mudar, como aconteceu com a física quando Einstein demonstrou que as leis de Newton deixam de vigorar quando os corpos se movem próximos à velocidade da luz.

A diferença é que uma teoria se aplica às coisas e a outra às pessoas. E só neste último caso a reflexividade encontra terreno fértil, estabelecendo uma característica distintiva entre as ciências naturais e as humanas. A lei de Newton constituiu uma revolução científica — uma das maiores — sobre a organização do cosmos e o movimento dos corpos. Uma revolução que, no entanto, não muda em uma vírgula a forma como se movem. Por outro lado, o marxismo, o liberalismo, as teorias sobre a inflação ou a supremacia racial podem modificar decisivamente os universos econômicos e sociais que pretendem descrever.

O modo mais contundente de verificar a fabulosa força das palavras talvez seja quando criam aquilo que descrevem. Sem atenuantes, de maneira literal. Em geral, o mundo costuma ter primazia sobre a palavra. Quando dizemos "está chovendo", a afirmação é desencadeada pelo fato. Pois bem, quando um juiz diz "eu o condeno a dez anos de prisão", a primazia está na palavra, que gera uma nova realidade. Ela não descreve o mundo, ela o cria.*

A famosa máxima do Homem-Aranha — "Grandes poderes trazem grandes responsabilidades" — pode se aplicar perfeitamente ao mundo das palavras, porque a linguagem é vinculante e tem a capacidade de forjar e transformar radicalmente nossa experiência mental. As palavras podem acalmar e curar, mas também são capazes de gerar estigmas e causar enfermidades. "Não gosto disso", "não sirvo para tal coisa", "não vou conseguir". Recitamos essas fake news sobre nós mesmos, em voz alta ou murmúrios, tanto faz, com grande leviandade, sem nos darmos conta de sua força decisiva para abrir e fechar portas. As fake news também se alastram como fogo no interior da mente. Do mesmo modo que um erro de interpretação me levou a pensar de forma prematura que não nascera para os esportes, uma única frase pode convencer a pessoa de que ela é incapaz de pintar, de aprender matemática ou de amar. Bem como despertar entusiasmos, demolir medos ou nos convencer de que façanhas que pareciam impossíveis não o são, na realidade.

---

* No livro *Como fazer coisas com palavras*, John Austin definiu esses enunciados como performativos, porque não descrevem ações: eles as realizam.

A miopia da razão

Nossa condição anfíbia de alternar entre ficção e realidade tem sua origem em um princípio mais fundamental: a tendência de buscar explicações para o desconhecido. Vejamos diferentes exemplos disso, desde conceitos abstratos até o que nos define como seres sociais.

Na série 2, 4, 6, a maioria logo conclui que os numerais seguintes devem ser 8, 10, 12, 14... A partir de poucos elementos, deduzimos automaticamente a regra que parece mais simples ou óbvia. Sem dúvida há uma infinidade de explicações distintas, igualmente compatíveis com esses poucos casos observados. Por exemplo, a série 4, 6, 12, 14, 28, 30, 60... corresponde a somar dois, depois multiplicar por dois e continuar assim ao infinito. Mas a primeira explicação parece a mais evidente e nos convencemos de que deve ser assim. Isso não é exclusividade dos números. Para dar um exemplo bem diferente, os estereótipos partem do mesmo princípio. A paciência dos chineses, a extroversão dos italianos, o paladar dos franceses e o rigor dos alemães são generalizações construídas a partir de traços observados em alguns poucos indivíduos e das coisas que ouvimos falar a seu respeito.* Generalizar e construir regras com base em dados escassos são as principais fontes de vieses e preconceitos. Elas formam parte do sistema de intuições que frequentemente nos leva a tomar decisões equivocadas em que confiamos cegamente. Vemos aqui os dois gumes desse mecanismo tão presente na cognição humana. Identificar regras a partir de dados escassos é uma proeza tão extraordinária que segue sendo quase impossível de ser emulada por máquinas e computadores, mesmo com todo o desenvolvimento

---

* Você comemoraria a compra de um carro francês com um champanhe alemão?

da inteligência artificial. Ela nos permite mergulhar em mundos desconhecidos e estabelecer muito rapidamente princípios que nos ajudem a transitar por eles. Mas, ao mesmo tempo, é uma forma de emprestar cores ficcionais à realidade. Trata-se de ir além dos dados para oferecer explicações simples, mas não necessariamente verdadeiras. Esse traço tão particular do pensamento humano resulta de três ideias que convém esmiuçar.

A primeira é uma limitação: salvo em circunstâncias excepcionais, temos acesso apenas a visões muito parciais das coisas que se aplicam a nós. Isso vale para todos os domínios da vida: objetos, ideias e pessoas. Quando precisamos decidir onde passar as férias, o que comer, em quem votar, em que bairro morar, em geral contamos apenas com o que presenciamos, ouvimos dizer ou extrapolamos de alguma outra experiência similar...

A segunda é uma virtude: nosso cérebro é rápido e particularmente eficaz em extrair regras possíveis com base nesses dados limitados e, dessa forma, nos ajuda a funcionar sem que nos extraviemos repetidamente por mundos novos e desconhecidos. O cérebro é uma máquina de elaborar conjecturas, tanto pela velocidade com que extrai conclusões, como pela qualidade média que elas têm. Quase sempre acerta. Mas, de vez em quando, nos conduz a falhas gritantes.

A terceira é uma ilusão: não reconhecer que, em todo esse processo, o cérebro nos leva a esquecer que há uma enorme porção do universo que nunca observamos. Nossa visão é inevitavelmente parcial, mas nos acostumamos a sentir e agir como se não fosse...

Vejamos como esses princípios se aplicam a problemas simples que podemos apresentar aqui em forma de jogo e outros que impactam em todas as áreas da vida. Começaremos com um problema lógico proposto por Hugo Mercier, um neurocientista cognitivo que se dedica a deslindar o enigma da razão. É o seguinte:

1. João olha para Maria. Maria olha para Paulo.
2. João é casado.
3. Paulo é solteiro.

Pergunta: podemos deduzir dessas afirmações que uma pessoa casada olha para uma solteira?

Há três possíveis respostas: "sim", "não" e "a informação é insuficiente para saber". Qual a resposta correta? Vale a pena tentar descobrir. Exercitar a razão é uma boa maneira de observar o pensamento em um espelho; de descobrir, em primeira mão, como pensamos.

Quando me apresentaram esse problema, respondi que a informação era insuficiente. Fiquei na verdade orgulhoso da minha decisão. Compreender que os dados podem ser insuficientes para tirar conclusões sólidas é parte do pensamento científico. Mas, como a maioria, eu estava errado. A resposta correta é "sim". Podemos deduzir que uma pessoa casada olha para outra solteira. A chave é pensar em Maria. Embora nada tenha sido dito a seu respeito, seu estado civil não é tão incerto: ela é casada ou solteira. Não há outra opção, tal como propôs Aristóteles em seu princípio do terceiro excluído.*

Vamos examinar os dois casos:

Se Maria é solteira, alguém casado olha para ela: João. Se Maria é casada, Maria olha para alguém solteiro: Paulo. Desse modo, percebemos que, certamente, uma pessoa casada olha para uma solteira.

Esse é um dos muitos exemplos em que nossa forma de raciocinar nos leva equivocadamente a tirar conclusões precipitadas.

---

* Pedimos para Aristóteles não levar em conta outros estados civis. Pedimos na condição de solteiro, casado, viúvo e amante.

Neste caso, depositamos a atenção e o foco do pensamento no fato de que nada foi dito sobre Maria e, uma vez consolidada essa ideia, parece óbvio que não há informação suficiente para resolver o problema. Veremos mais adiante como conversar elimina essas armadilhas lógicas e, consequentemente, capacita-nos a pensar de forma muito mais efetiva. Mas antes revisaremos os muitos erros de raciocínio que costumamos cometer para nos convencermos de que é verdadeiramente necessário encontrar uma solução.

Uma infinidade de problemas servem para esse propósito. Se há uma pilha de sete maçãs e você tira duas, com quantas ficará? O que é vermelho e cheira igual a tinta branca? Se um cavalo branco entra no mar Negro, sai de que cor? Numa corrida, você ultrapassa o segundo colocado: qual é a sua colocação? O problema seguinte talvez seja mais ilustrativo, no sentido amplo da palavra, porque de fato é apresentado em uma ilustração. O desafio consiste em conectar os nove pontos traçando quatro linhas retas contínuas sem tirar o lápis do papel.

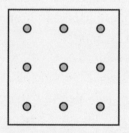

Parece impossível. Chegamos a essa conclusão muito rapidamente, após algumas poucas tentativas. Na verdade, pode ser feito. Tentem encontrar a solução sem consultá-la ao final do capítulo.

A armadilha mental consiste em presumir que as linhas não podem sair do quadrado. Se percebermos que é possível fazê-lo, a resolução do problema fica muito mais fácil. Muitas vezes, uma única frase é capaz de destravar algo que antes parecia impossível.

Exercícios como esses são a base de muitas teorias psicológicas sobre o modo como a mente humana resolve problemas e toma decisões. A mais famosa, articulada por Daniel Kahneman, sustenta que o pensamento se divide em dois sistemas. O tipo 1 se encarrega de quase todas as atividades cotidianas. Ele é rápido e automático e, com base num punhado de dados, generaliza rapidamente sem nos dar qualquer aviso. Também nos induz a todo tipo de erro, como nos exercícios que acabamos de ver. O tipo 2, por outro lado, é lento e exige esforço consciente. Ele calcula todas as opções sobre os olhares recebidos ou lançados por Maria e ignora a existência de bordas no problema dos pontos. Nunca assume o controle espontaneamente, mas é bem mais preciso e resistente aos vieses cognitivos. Para evitar terminologias abstratas, chamarei o sistema 1 de *pensamento automático* e o sistema 2 de *pensamento lógico*.

Causas e acasos

O principal motivo para cometermos tantos erros em nossas decisões vem de considerarmos apenas a evidência mais próxima, a que está *disponível* na mente e ofusca um conjunto muito maior de fatos e considerações. Esse "pequeno erro de raciocínio" tem consequências em praticamente todas as dimensões da vida. Vamos ver alguns exemplos.

O primeiro é a sensação que temos ao falar sobre alguém que vemos muito raramente e, no dia seguinte, *pá!*, encontramos a pessoa na rua. O encontro parece mágico. Uma coincidência da ordem do impossível. A evidência indisponível neste caso consiste na enorme quantidade de vezes em que isso não aconteceu. Ou seja, falamos de alguém que não costumamos ver e, no dia seguinte... não encontramos a pessoa. Como há tantas coisas improváveis, a probabilidade de que alguma delas ocorra acaba sendo bastante alta. Mas só *vemos* o que se apresenta a nós e assim a coincidência acaba sendo surpreendente, quase inacreditável.

Outro exemplo: quando ouvimos falar de uma doença, a probabilidade de sofrer dela no universo delimitado da evidência disponível cresce e, portanto, aumenta o medo de contraí-la. Sintomas que em outras circunstâncias teríamos ignorado rapidamente parecem relacionados à *nova* enfermidade disponível. Ver apenas parte da evidência também gera distorções na narrativa que elaboramos a respeito de nossos êxitos e desventuras; da inevitável mistura de causas e acasos, de ventos a favor e contra, que nos acompanham pela estrada da vida.

Heather Pearson, editora da revista *Nature*, relata um experimento que resume essa ideia de maneira muito engenhosa. Um grupo de cientistas britânicos acompanhou por uma semana o desenvolvimento de quase todas as crianças nascidas na Inglaterra, na Escócia e no País de Gales. Com uma lupa muito fina, eles colheram em cada aldeia, bairro e recanto das ilhas informações sobre gestações e partos e todo tipo de dados sobre seus primeiros anos de vida. Também coletaram amostras de placenta, mechas de cabelo, fragmentos de unhas, dentes e DNA e, com o mesmo escrutínio minucioso, acompanharam a trajetória de vida familiar e social das crianças. O objetivo do projeto era entender como essa mistura complexa de fatores biológicos, culturais, econômicos e ambientais determinava o desenvolvimento de alguém. Pearson, em uma piada que evidencia quanto ignoramos o imprevisto ao longo de nossa existência, assim explica o principal resultado desse trabalho enciclopédico: "A primeira lição para ter uma vida bem-sucedida é a seguinte: escolha seus pais com muito cuidado. E, em particular, evite, é claro, nascer na pobreza ou em situação desvantajosa, pois isso aumenta a probabilidade de que sua caminhada pela vida seja bem mais complicada". Esse experimento ambicioso revelou que a sorte de nascer onde nascemos é o fator mais decisivo na geometria do destino.

Talvez pareça parafernália demais para chegar a uma conclusão tão elementar, porém ela contém um paradoxo: quando perguntamos às pessoas sobre os motivos de seu sucesso, quase sempre são evocados argumentos relativos ao esforço, à capacidade, à perseverança, ao risco ou à influência de mentores... Mas raramente é mencionado o argumento decisivo da sorte. Simplesmente porque essa informação não costuma estar disponível.

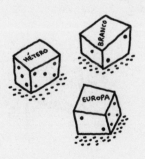

Essa cegueira é um motivo recorrente das discórdias que terminam em rancores e disputas. No esporte, por exemplo, os torcedores tendem a superestimar as injustiças sofridas por sua equipe, agindo como se fossem vítimas de uma conspiração. Outro exemplo, que muitos reconhecerão: quem se encarrega das tarefas domésticas? Qual a contribuição de cada um? Ao que parece, todo mundo acredita fazer mais do que faz na realidade. Mal nos damos conta dos obstáculos, golpes e ventos contrários enfrentados pelos demais.

Resumindo: um dos erros cognitivos mais frequentes resulta de esquecermos que nossas considerações sempre partem de uma visão muito parcial. Isso afeta nossa forma de raciocinar ao avaliarmos nossa vida cotidiana, convicções políticas e relações de casal. A questão é ainda mais séria na medida em que as ideias que produzimos se manifestam na linguagem, que lhes confere uma aparência de verdade muito maior do que vem ao caso. Assim, à falibilidade do raciocínio se soma a reflexividade da linguagem, que aprofunda e perpetua esses erros.

Como veremos, esses princípios regem também toda a experiência mental. O pensamento automático conclui que é impossível cobrir os nove pontos traçando apenas quatro linhas. Assim como nos leva a pensar que há emoções ou ideias impossíveis de superar. Este princípio está no coração de todos os estigmas que criamos. Resolver tais barreiras exige a mediação do pensamento lógico. A pergunta é: como invocá-lo? Como apelar à razão no mundo impulsivo das emoções? Encontraremos a solução no que Michel de Montaigne em seu ensaio mais célebre chama de "a arte da conversação".

A FORÇA DE UMA CONVERSA

Veremos ao longo do livro como devem ser as conversas para resolver todo tipo de erros cognitivos. Mas, antes de empreender essa viagem, convém explicitar seu ponto de partida. No caminho que nos trouxe até aqui, constatamos que a linguagem pode se degradar a um ponto de loucura em que a conversa mais exacerba do que atenua as diferenças. Como ocorre com as fake news, que se alastram como fogo, as conversas podem promover mais o delírio que a razão, polarizar e avivar o ódio, erguer muros em vez de pontes. Esse tipo de intercâmbio se tornou tão onipresente que muitos acreditam constituir o destino inevitável de toda conversa; que sobre determinados assuntos é impossível falar. Proponho-me a demonstrar aqui que essa intuição é equivocada. Quando a conversa ocorre no contexto adequado, em que todos se escutam e argumentam alternadamente, ela nos ajuda a pensar com mais clareza, a tomar decisões melhores e a sermos mais justos, solidários e compreensivos. Simples assim: ela é uma ferramenta fantástica, talvez a mais efetiva, para dar forma ao pensamento.

Hugo Mercier levou seus problemas de lógica e raciocínio ao domínio da conversa. Após encontrar a *própria* solução, os participantes se reuniam em grupo para trocar ideias. Raciocinando pela lente distorcida do pensamento automático, a maioria se convencia da ideia equivocada. Apenas um deles, no máximo dois, estava com a razão. Mercier ficou intrigado para descobrir quem venceria essa batalha. O que acontece quando uma minoria com a razão do seu lado surge entre uma multidão convencida do contrário?

O experimento é jogado por turnos. As pessoas conversam e, depois, podem mudar de opinião. O esquema se repete: outra vez conversar, rever a opinião e assim sucessivamente. Em alguns poucos casos, a massa de equivocados vence a primeira rodada e faz a única pessoa que raciocinou corretamente mudar de opinião. Esse é o maior risco que correm as conversas: de que a pressão social da maioria oprima os argumentos da minoria. Para compreender o que aumenta ou diminui esse risco, vejamos primeiro uma das demonstrações mais influentes de pressão social feita ao final da Segunda Guerra Mundial pelo psicólogo Solomon Asch. Foram necessárias apenas algumas linhas rabiscadas em duas cartolinas.

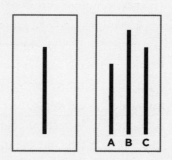

Qual das três barras na figura à direita tem o mesmo comprimento que a barra da figura à esquerda? Esse problema não teria oferecido maiores dificuldades para os participantes não fosse por uma pegadinha: deveria ser resolvido em grupos de oito pessoas, sendo sete delas atores que às vezes combinavam de dar a resposta errada de forma enfática e unânime. Seriam eles capazes de influenciar o único participante respondendo genuinamente o que via?

Asch mostrou que a minoria às vezes cedia, percebendo assim que a pressão social pode nos fazer apoiar as afirmações mais disparatadas. Como costuma acontecer, os resultados foram distorcidos e convém calcular sua verdadeira relevância, sem exageros. Apenas cerca de 5% seguiu cegamente a multidão em cada rodada. Outros 25% — uma quantidade maior, mas ainda assim minoritária — ignorou os atores em todas as rodadas do jogo. Em média, os atores conseguiam influenciar o participante em uma de cada três vezes. Esses resultados mostram que a tensão entre a pressão social e o raciocínio tem um amplo espectro de áreas cinzentas.

Eu contenho multidões

O risco para a conversa vem de nossa tendência de permitir que a voz da multidão se sobreponha às nossas ideias. O experimento de Mercier demonstra que esse efeito em alguns poucos casos pode contaminar o processo de reflexão do grupo. Vejamos agora o outro lado da moeda, a força oposta: o poder de convicção da razão, que, em boas conversas, costuma prevalecer sobre a pressão social.

Nessa jornada, que emula nossa mente, combinarei realidade e ficção. Pois o experimento de Mercier pode ser visto como uma versão de laboratório do julgamento histórico que inspirou *Doze homens e uma sentença*, o único filme produzido por Henry Fonda. Farei um paralelismo entre esses dois casos: um com o drama da realidade transferido para a ficção e outro sob a lente minuciosa da ciência. Vamos começar pelo julgamento.

Um rapaz é acusado de matar o pai. O juiz apresenta as evidências ao júri: um vizinho alega ter visto a cena de uma janela; outro afirma ter escutado quando o jovem ameaçou seu pai de morte. Os antecedentes criminais do filho não ajudam: ele já foi detido por agressão e por portar uma navalha igual à usada no assassinato. O juiz explica que, caso seja decidido por unanimidade que as provas são conclusivas, o réu será condenado à cadeira elétrica.

Parte-se de um ponto muito parecido com os experimentos de Mercier. Onze jurados se convencem imediatamente de que o rapaz é culpado. É a conclusão natural do pensamento automático: eles agem como se não houvesse nenhuma outra consideração além das provas que acabam de escutar. O júri se reúne ao redor de uma comprida mesa. Todos concordam quanto ao óbvio: o réu é culpado. Todos, menos um: o jurado número oito, vivido pelo próprio Henry Fonda, que indaga se não há certa margem de dúvida a ser considerada. Fonda está sozinho diante dos demais. Um *lone rider* ao melhor estilo hollywoodiano.

Como, quando e por que algumas pessoas conseguem convencer um grupo? Neste livro, tais questões não estão formuladas em sua apresentação mais clássica: a liderança e os fenômenos de massa. Elas me interessam, acima de tudo, porque convencer os demais não é tão diferente de convencer a si mesmo. E a razão é simples: a mente funciona como uma tribuna de opiniões. Como escreveu Walt Whitman, "Estou me contradizendo?/ Então tudo bem, sou contraditório/ (Sou imenso, eu contenho multidões)" e, tempos depois, Hal Pashler e Ed Vul converteram essa ideia em um experimento no qual registraram a enorme variedade de respostas que damos ao mesmo problema, como se procedessem de diferentes vozes e formas de pensar. Por isso é tão relevante para nosso próprio pensamento compreender como as opiniões são formadas em um grupo. *Falar com os demais é a maneira mais natural de aprender a falar consigo mesmo.*

O poder das minorias

A conversa do júri é superficial e apressada. Os jurados fazem uma votação preliminar, com intenção de dar o caso por encerrado. Todos votam culpado, exceto o número oito. Podemos perceber o paralelismo entre esse grupo e nossas próprias vozes internas: de um lado, há uma maioria superficial e leviana que pretende resolver o caso na base da preguiça e, de outro, uma minoria mais cuidadosa, que faz um sinal de advertência: talvez estejamos sendo precipitados.

O personagem de Fonda questiona a validade das provas e, dando uma aula de pensamento lógico, enumera os muitos equívocos de raciocínio que podem ter sido cometidos. Como o restante do júri se mostra obstinado e impaciente, ele sugere nova votação secreta para resolver o impasse. Se os demais voltarem a considerar que o rapaz é culpado, ele aceitará o veredicto, e o julgamento se encerra. Todos concordam. Quando os votos são revelados vemos que um agora diz: "Inocente". Sem essa guinada, o julgamento real nunca teria sido transformado em filme. Onde fica o ponto sem retorno? Qual a massa crítica necessária para mudar uma crença coletiva?

O matemático Andrea Baronchelli, em Londres, respondeu a essa pergunta realizando um jogo online. Os participantes veem um rosto na tela que se repete periodicamente e atribuem um nome a ele. A cada rodada, forma-se ao acaso uma série de duplas que, sem conversar entre si, devem chegar a um mesmo nome para o rosto apresentado. Ao final de cada rodada, os participantes veem a escolha do colega e têm assim uma amostra muito limitada do que os demais estão fazendo. Essa informação escassa é suficiente para que, ao final de poucas rodadas, os participantes cheguem a um acordo e passem a dar o mesmo nome ao rosto observado. A convenção social emerge espontaneamente, sem a mediação de um mecanismo institucional. Vemos no domínio experimental uma ideia de muitos filósofos: o significado das palavras é construído mediante acordos difundidos entre iguais.

Uma vez formada a convenção, tem início a parte mais relevante do experimento: entra no jogo um pequeno número de participantes plantados para promover uma resposta alternativa e tentar reverter o consenso estabelecido. Se o grupo de "confederados" for de, pelo menos, cerca de 25% da população, então eles conseguem convencer os demais. A força deles reside na coerência com que se comportam, mantendo obstinadamente a mesma convicção em meio à maioria mais indecisa. Eis a chave: *o poder dos grupos pequenos não provém de sua autoridade, mas de seu compromisso com a causa.*

A lama da história

No julgamento, de início o personagem de Fonda está completamente sozinho na defesa de suas ideias. Mas sua paixão pela razão (parece um oximoro, mas não é) revela-se contagiosa. Ele repassa argumento por argumento, procura inconsistências e, assim, pouco a pouco, vai convencendo os demais jurados um a um. Com um estopim mínimo, ele inflama o grupo na hostil assimetria argumentativa de um contra onze.

Em seu experimento, Mercier descobriu uma evolução quase idêntica à do julgamento. Na maioria dos grupos, o cavaleiro solitário consegue difundir sua ideia da mesma maneira que Fonda: convence uma pessoa, depois a outra, e estes por sua vez convencem os demais. Assim, após algumas rodadas, a razão contagia o grupo inteiro.

É hora de debater os diferentes resultados vistos até aqui. Os experimentos de Mercier e de Baronchelli coincidem na capacidade das minorias de mudar a opinião de um grupo, e coincidem também na medida em que a força da minoria provém de sua persistência e de sua convicção, não de uma posição social privilegiada.

Mas diferem substancialmente na massa crítica necessária para acender a chama. No experimento de Mercier, basta uma pessoa; no de Baronchelli, é necessário um quarto da população total. A explicação para essa diferença reside na conversa. No segundo experimento, não há discussões; no de Mercier, por outro lado, há um embate de argumentos.

As conversas funcionam em determinados contextos esboçados por Montaigne na *Arte da conversação*. Voltaremos a examiná-los no próximo capítulo, mas ressaltamos aqui alguns de seus princípios. Quando todos os participantes dispõem do tempo e do direito de falar e serem ouvidos, a conversa adquire toda sua força. É então que ela se torna um espaço idôneo para repassarmos nosso raciocínio e ficarmos alertas contra possíveis falhas: é o sistema de pensamento lógico revisando o automático, Fonda contra os demais. Quando a conversa se afasta desse âmbito, seja por haver muitos participantes, seja por falta de disposição em escutar, as conclusões de Asch ou Baronchelli começam a surgir. As conversas se tornam disputas sociais de intimidação para convencer não por meio de argumentos, mas da pressão social. Estamos em plena batalha campal, no coração das mídias sociais.

Os casos de Mercier e de Baronchelli são extremos. De um lado, a razão pura; de outro, o arbitrário. Em geral, as discussões ocorrem em terrenos mistos onde razões e convenções se misturam. Essa relação de forças muda com o tempo, nas disputas argumentativas que se cristalizam em tradições que as futuras gerações tomam como novo ponto de partida para a conversa.

Em seu livro sobre a conquista da América, o filósofo búlgaro Tzvetan Todorov analisa os embates argumentativos desse momento crítico da história. Em 1550, ocorreu a Controvérsia de Valladolid, um célebre debate em que foram confrontadas duas formas de conceber o que é humano. O filósofo Juan Ginés de Sepúlveda argumentava que os indígenas não passavam de bestas selvagens cuja escravização era, portanto, justificada. Na realidade, tal posição se mostra insustentável, mas nesse momento enfrentava em igualdade de condições a opinião contrária defendida pelo frade Bartolomeu de las Casas, para quem não havia hierarquias humanas.

A história é cheia de debates cujos argumentos são incompreensíveis hoje em dia. Convém recordar que muitos dos princípios que hoje são considerados aceitos serão absurdos em algum outro momento histórico: somos os Sepúlveda e os Bartolomeu de las Casas do futuro.

Também são relegados à lama da convenção e da razão outros tipos de conversa que, embora tendo menos destaque histórico, determinam o rumo de nossas vidas: com quem dividimos nossa vida, com quem temos ou não temos filhos, como decidimos criá-los, onde os educamos, se é necessário protestar ou manter o silêncio. No próximo capítulo, revelaremos que, no momento da decisão, as conversas também têm um protagonismo extraordinário.

EXERCÍCIO
Ideias do capítulo 1 para viver melhor

O rótulo de "autoajuda" é malvisto por muitos de meus colegas cientistas. Confesso que nunca fiquei incomodado nem ofendido com o fato de meus livros acabarem na seção de autoajuda. Categorizações são complexas, difusas e arbitrárias.* Os ensinamentos obtidos com a leitura, a matemática, a história, a arte e os esportes nos oferecem recursos para escolhermos nosso caminho segundo o livre-arbítrio. O mesmo acontece quando aplicamos essa ideia ao autoconhecimento. A própria filosofia sempre oscilou entre o ceticismo de poder oferecer saberes práticos, como nos lendários embates discursivos entre Sócrates e os sofistas, e períodos em que brilhou como escola de aconselhamentos para levarmos uma vida virtuosa. A isso se dedicaram Cícero e Marco Aurélio.

O livro acompanha esse vaivém. É um relato científico da mente humana em que, naturalmente, surgem ideias para melhorar nossa vida mental e emocional. Acredito que vale a pena destilá-las em um

---

* O pior caso de classificação bibliográfica que lembro ter visto foi em uma livraria em La Plata, na Argentina, cujos responsáveis resolveram colocar o livro *Os sobreviventes: A tragédia dos Andes* na seção de gastronomia.

resumo de capítulo orientado para a ação. Falo em ideias, não receitas, pois não acredito na existência — nesse ou em qualquer outro domínio do conhecimento — de um receituário mágico graças ao qual podemos nos transformar sem esforço. Não existe um livro cuja leitura nos torne bons tenistas, bons químicos, bons engenheiros industriais. Nem um manual que nos torne, por mera leitura, pessoas boas.

Feito o necessário esclarecimento, tenho confiança de que essas ideias serão úteis para alguém. Elas não pretendem ser universais. Algumas parecem remotas e inviáveis. Outras habitam uma zona mais afim, mais próxima, e espero que sirvam como ponto de partida de uma prática capaz de contribuir para levarmos uma vida melhor.

1. **Meça as palavras com que você se refere a si mesmo**
   As palavras que usamos para descobrir como nos sentimos têm, por si só, a capacidade de influenciar nosso estado de espírito, de virem a ser profecias autorrealizáveis. Vale a pena tentarmos usá-las com precisão, prestando atenção às nuances. Pode ser que em vez de se sentir "horrível", você apenas esteja com sono ou fome.
2. **Lembre-se que, às vezes (geralmente muitas), você se enganou**
   Não se deixe levar por sua primeira avaliação, nem mesmo ao considerar seu próprio estado de espírito. Existem explicações alternativas? Outros modos de encarar a situação? Detalhes que possam ser importantes? A sua primeira impressão não passa disto: uma aproximação suscetível de aperfeiçoamento, inclusive de mudar completamente.
3. **Para ter perspectiva, distancie-se de si mesmo**
   Frequentemente, somos o objeto de nossos julgamentos mais severos. Faça o exercício de considerar seu caso imaginando que o mesmo acontece a outra pessoa, com um distanciamento

desapaixonado, de uma perspectiva em que as coisas não pareçam tão graves, tão catastróficas.

4. **Conversar ajuda a pensar**

   Falar com outras pessoas esclarece ideias e contribui para encontrar erros no próprio raciocínio e identificar soluções melhores. Também ajuda a aprender a dialogar melhor consigo mesmo. Definitivamente, é a ferramenta mais poderosa para pensarmos melhor.

5. **A conversa só funciona em seu habitat natural**

   Nem toda conversa vale a pena. São eficazes apenas aquelas que acontecem em um grupo pequeno, formado por pessoas de atitude receptiva e predispostas a se deixarem convencer, a dialogar de boa-fé em um processo mútuo de descobrimento.

6. **A conversa pública em massa não é eficaz**

   As mídias sociais têm certas dinâmicas e inércias próprias que não facilitam o diálogo. Promovem um tipo de discussão na qual se torna muito difícil o intercâmbio construtivo de juízos e a articulação de consensos. É frequente que sirvam apenas para exasperar e intensificar posturas inflamadas.

7. **Relativize**

   Isto certamente já aconteceu com você: algo que antes era insuportável hoje parece ínfimo ou, ao menos, secundário. Nossas explicações incontestáveis de hoje podem nos parecer absurdas ou exageradas no futuro. Lembre-se disso especialmente quando tomado por alguma emoção.

Soluções para os problemas da página 38. O que cheira igual a tinta branca e é vermelho é tinta vermelha. Se há uma pilha de sete maçãs e você tira duas, ficará com duas, não cinco, como sugere o sistema automático que responde impulsivamente com o resto tantas vezes repetido para nós na escola. O mesmo truque se aplica ao problema da colocação: se numa corrida você ultrapassa o segundo, está em segundo, não em primeiro, como a maioria pensa. Se um cavalo branco entra no mar Negro, ele sai... molhado. A cor do cavalo é irrelevante e faz com que a evidência necessária para resolver o problema (o cavalo sair da água) fique menos disponível. As soluções são todas óbvias, mas muitas vezes nem as consideramos. O modo de cobrir os nove pontos com quatro linhas é difícil de encontrar porque nem sequer contemplamos a chave para sua solução: as linhas não precisam ficar contidas no quadrado.

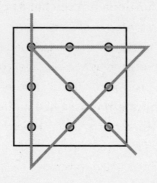

2. A arte da conversa

Como tomar decisões melhores

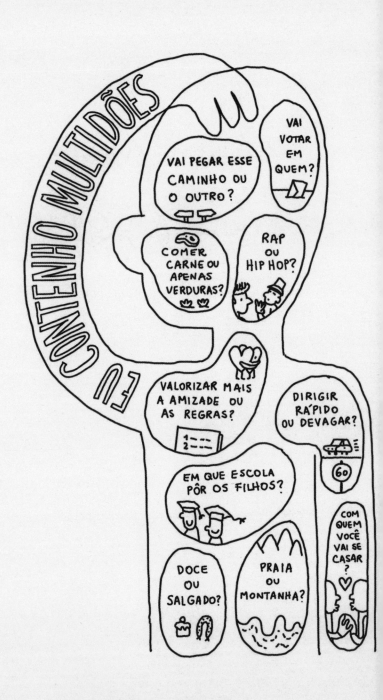

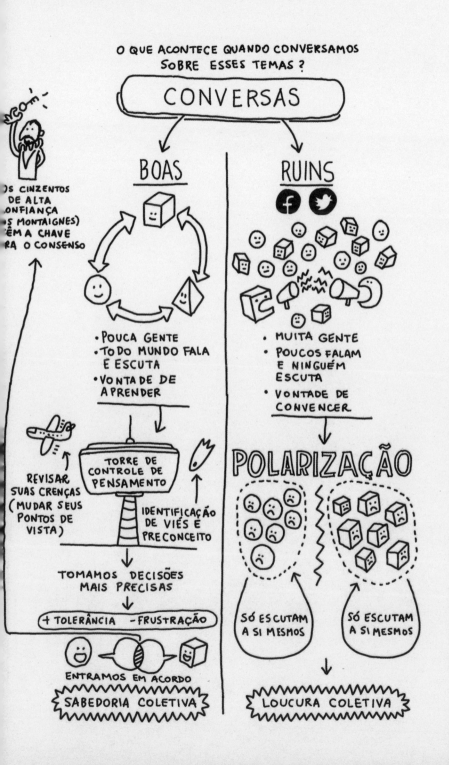

PLANO DE TRABALHO

Neste capítulo, voltamos nosso olhar para as decisões mais frequentes que tomamos, que não podem ser resolvidas de maneira exata. Entre elas estão as decisões sociais (com quem nos relacionamos e como); políticas (em quem votamos ou com que ideais simpatizamos); e as visões gerais sobre o mundo e a moral. Estas últimas são de particular interesse porque, embora constituam as convicções mais inquestionáveis que temos, na maioria dos casos não sabemos como se formaram nem o que é capaz de fazê-las mudar.

Melhor ir por aqui ou por ali? Como acontece com quase tudo na vida, decidimos com base em um misto de intuição e acaso sobre um mar de ignorância. Como veremos, conversar sobre essas decisões no contexto adequado melhora substancialmente sua precisão. Por outro lado, quando a conversa está muito cheia de gente, quando alguém monopoliza a palavra ou quando prevalece um espírito de confrontação, se produz o efeito contrário. É aí que nossos erros são potencializados e que transmitimos aos berros o que pensamos. Veremos as condições necessárias para que a conversa nos leve a tomar decisões melhores e identificaremos assim a linha tênue que divide a sabedoria da loucura coletiva. Isso assume uma relevância prática:

muitas catástrofes organizacionais resultam simplesmente de não haver um ambiente propício para boas conversas.

No final, veremos o poder da conversa na questão espinhosa das crenças, desde os dilemas morais no laboratório à formação de conceitos na infância às discussões da exaltada vida política. Em cada um desses casos o resultado é o mesmo. As boas conversas moderam o debate, permitem a compreensão de diferentes pontos de vista e atenuam a violência. Quinhentos anos depois, a ideia formulada por Montaigne — de que boas conversas são a melhor forma de desenvolver uma ampla liberdade de pensamento — chega aos domínios da ciência.

No dia 8 de novembro de 1960, John F. Kennedy vence Nixon por pouquíssimo e se torna o mais jovem presidente eleito da história dos Estados Unidos. Em uma de suas primeiras reuniões, a cúpula militar o informa que a brigada de assalto 2506, composta por mil e quinhentos exilados cubanos treinados em uma base da CIA na Guatemala, está a postos para invadir o litoral de Cuba e derrubar o regime de Fidel Castro. Nessas conversas vertiginosas com as quais Kennedy é recebido, os assessores militares recomendam enfaticamente levar o plano adiante. A opinião é *quase* unânime. O único a se opor é Arthur Schlesinger, seu conselheiro de campanha, que expressa em um memorando as inúmeras razões pelas quais considera imprudente lançar o ataque. Intimidado pela convicção do resto do conselho nessas conversas decisivas, Schlesinger mantém-se à parte e em silêncio.

Kennedy escuta uma única voz e, em 15 de abril de 1961, inicia o ataque partindo da Nicarágua. Um dia depois, Fidel Castro faz um de seus mais célebres discursos diante de uma multidão armada de rifles rudimentares e convoca o povo para defender o país. Quatro dias depois, Cuba repele a invasão.

Kennedy iniciava seu governo com um fracasso estrondoso. E uma grande lição. Passada a crise, o governo norte-americano muda completamente o protocolo para tomar suas decisões. Mais concretamente, JFK divide as reuniões dos assessores em grupos menores para se certificar de que todas as opiniões sejam manifestadas e atendidas. E, de modo a não reprimir nenhuma voz, ele e seus generais muitas vezes não compareçem às reuniões. Além disso, ele cria a figura de um mediador-chave, seu irmão Robert Kennedy, que ocupa uma posição mais imparcial e equilibrada para conduzir as conversas.

Apenas dois anos depois, em outubro de 1962, essa forma de deliberar é posta à prova na segunda crise cubana, com possíveis consequências trágicas para todo o planeta. O serviço secreto dos Estados Unidos identifica na ilha a existência de mísseis soviéticos com capacidade nuclear. A tensão é grande e, em poucos dias, aumenta até chegar o mais perto que jamais estivemos de uma terceira guerra mundial. A cúpula militar volta a apostar energicamente em um ataque imediato, só que dessa vez não com um destacamento mal treinado na Guatemala, e sim com toda a fúria nuclear e com armamentos sem precedentes na história da humanidade. Os assessores de Kennedy estão divididos. Outro grupo se mostra favorável à determinação de um embargo marítimo que impeça o fluxo de armas soviéticas para Cuba de modo a ganharem tempo e poderem negociar um acordo de paz. Cada um tem sua oportunidade de falar no conselho e até chegam a ser preparados simultaneamente dois discursos presidenciais para que a decisão, uma vez tomada, possa ser comunicada ipso facto. Kennedy escuta todas as opiniões, os argumentos de lado a lado e, com essa informação parcial, toma uma das decisões mais importantes da história humana. Ele finalmente opta pela negociação e, em poucos dias, o conflito se resolve.

ENTRE O DELÍRIO E A SABEDORIA DAS MULTIDÕES

A decisão de Kennedy na crise dos mísseis tem consequências históricas únicas, mas também partilha uma infinidade de semelhanças com outras decisões que tomamos o tempo todo. Primeiro, porque os procedimentos não são muito diferentes e, segundo, porque embora nossas decisões normalmente não mudem o destino do planeta, mudam o nosso. E, sob a perspectiva pessoal, às vezes adquirem proporções descomunais.

Quem procura uma escola para os filhos leva em consideração fatores muito diferentes e difíceis de comparar: a distância, a qualidade da educação, o contexto social e afetivo, o custo financeiro e, às vezes, até questões ideológicas ou históricas. Todos esses argumentos competem entre si e a decisão é tomada em um debate do qual não costumamos reter nenhum registro consciente. O mesmo se dá quando votamos, quando escolhemos um destino de férias ou o prato que pediremos do longo cardápio oferecido pelo restaurante, ou quando definimos nossa vida social e amorosa.

Nesse terreno bem mais desconhecido e imprevisível que o da lógica tem lugar a maioria dos assuntos que nos cabe resolver. A decisão é tomada parcialmente no escuro, de modo que é impossível prever as consequências exatas de cada opção. Aí entram em ação espontaneamente a intuição, o olfato e, sobretudo, as decisões que, em vez de serem tomadas, nos tomam.

As decisões que se valem da intuição são percebidas de forma muito diferente das que baseamos no raciocínio. Parecem acontecer antes no corpo do que no cérebro, daí as metáforas que costumamos empregar para defini-las: chutar, farejar um problema, ter sede de vingança ou fome de glória... Mas acontece que a razão e a intuição, na realidade, não são tão diferentes: a primeira é uma deliberação consciente; a segunda, inconsciente. Quando sentimos uma forte intuição é porque o cérebro está analisando, sem percebermos, as opções das quais dispomos e as possíveis consequências que elas acarretariam; assim, o cérebro expressa por intermédio do corpo qual delas é a que mais nos convém.

A impossibilidade de perceber nosso "raciocínio inconsciente" proporciona à intuição essa aura misteriosa. Quando as crianças aprendem a calcular, costumam esconder os dedos ao fazer as contas porque sempre parece mais surpreendente resolver algo sem revelar o funcionamento do maquinário. Do mesmo modo, em todo pressentimento há algo oculto que se decide numa fração de segundo. Como seria poder ver todo o teatro de imagens projetadas no futuro que tem lugar no inconsciente? No universo Marvel há um herói que é a caricatura dessa experiência: o Doutor Stephen Strange, que possui o poder de simular, no teatro animado de seu cérebro, milhões de alternativas futuras. Essa caricatura nos permite ver o que ocorre na opacidade do inconsciente quando avaliamos a opção que mais se aproxima do que desejamos. De certa maneira, já havíamos discutido essa ideia: somos constituídos por uma multidão.

Que a "lógica" das decisões intuitivas não seja visível para nós torna ainda mais necessário o exercício da conversação. Ao trazer todos esses argumentos à tona, podemos identificar vieses, erros e prioridades que de outro modo permanecem ocultos de nós mesmos.

Conversas de café

No trajeto que une a lógica de Mercier ao governo de nossa mente é necessário fazer um par de escalas. Começamos por problemas simples que simulam a tomada de decisões com informação parcial: Qual é a superfície da Austrália? Quantas pessoas vivem em Potosí? Qual é a altura da Torre Eiffel? Quantos ônibus circulam diariamente por Nova York? Quantos beijos dá em média uma pessoa ao longo da sua vida?

Apesar de haver uma resposta correta para cada pergunta, é praticamente impossível calculá-la com precisão. Muitas dessas perguntas são parte do jogo El Erudito, em que os participantes fazem uma estimativa e ganha quem chegar mais perto. É como um jogo de Trivia no qual, em vez de pôr à prova a exatidão da cultura geral, exercita-se o pensamento por analogia e aproximação.

Joaquín Navajas, Gerry Garbulsky e eu escolhemos algumas perguntas desse jogo para realizar um experimento cujo objetivo era entender se a conversa melhora a tomada de decisões aproximadas e intuitivas. O experimento era bastante incomum, já que foi realizado em uma arena com 10 mil pessoas no que talvez seja o debate público e simultâneo mais numeroso da história humana.

Nós tínhamos quinze minutos para fazer milhares de pessoas disputarem um jogo em que cada uma descobriria algo sobre si mesma. Nesse dia, aconteceu algo especial. Às vezes, imprevistamente, a ciência impera.* No palco, sob a pressão do tempo, dirigindo um experimento ao vivo com 10 mil pessoas, lembrei de meus tempos de estudante em Nova York, registrando a atividade neuronal no córtex visual do cérebro. Em meio a esse mundo microscópico do tecido cerebral, inédito para mim, o que mais me surpreendeu foi o ruído amplificado da corrente de íons ao entrar

---

* Não tanto quanto as bobagens, infelizmente.

na célula. Anos depois, envolvido pelo estrépito de milhares de conversas simultâneas, voltou a soar a música de um experimento que dá vida à ciência. Então toda a vertigem acumulada se tranquilizou e compreendi que, mais além do que os dados pudessem revelar, o experimento já tinha funcionado. Fomos embora com as bolsas carregadas de papéis escritos à mão, cada um com uma resposta que, por sua vez, era reflexo das crenças, dúvidas e certezas das 10 mil pessoas lotando o estádio.

O experimento funcionou assim. Do palco, fizemos oito perguntas e cada participante anotou as respostas e a confiança que depositava nelas. O passo seguinte foi formar grupos de cinco pessoas. Uma vez reunidos, discutiam as perguntas durante três minutos para encontrar, entre si, a melhor resposta possível. Realizei este experimento nos mais variados cenários, de escolas a grandes empresas e instituições financeiras. Sempre me surpreendeu o vigor, a competitividade e a determinação com que cada grupo quer ganhar um jogo em que não há qualquer outro prêmio além da satisfação de sentir que raciocinamos da maneira correta. É o prazer de descobrir o certo, uma fabulosa injeção de motivação vital. Finalizada a reflexão coletiva, cada participante voltava ao seu lugar e podia decidir se mudaria de parecer após a conversa.

Para ilustrar os resultados, vamos pensar em um caso mais simples, onde participam apenas duas pessoas. Na pergunta sobre a altura da Torre Eiffel, uma responde trezentos metros e pontua sua resposta com uma confiança de nove de dez; a outra responde que a altura é de duzentos metros e atribui à sua resposta uma confiança de três. A média das duas respostas dá duzentos e cinquenta metros. Na média ponderada, por outro lado, atribui-se maior peso à pessoa com mais confiança, sendo que, nesse caso, a resposta fica mais próxima de trezentos metros. Essa é a forma ideal de combinar os resultados de um grupo. Podemos provar matematicamente que esse procedimento é o que mais se aproxima da resposta correta.

Analisando as respostas dos milhares de grupos, descobrimos que essa era a estratégia mais utilizada. Sem nenhuma instrução, sem combinarem nada entre si, sem se conhecerem e em pouco tempo, os grupos encontraram a forma de chegar à melhor resposta possível. Uma boa conversa é efetiva assim.

Esses resultados podem ser comparados com um critério estabelecido há mais de cem anos. Em 1907, Sir Francis Galton pediu a 787 pessoas (leigas em tais questões) que estimassem o peso de um boi. Ele descobriu que a média de suas opiniões era mais precisa que o critério dos melhores especialistas e essa circunstância o levou a cunhar o célebre termo "a sabedoria das multidões", que funciona segundo um princípio estatístico muito simples: todos cometemos erros, mas, ao tirar a média das opiniões, esses erros se cancelam. Isso não é uma exclusividade das pessoas, nem das ideias, tampouco das opiniões. Em todo sistema "ruidoso", conforme aumentam as repetições, o acaso e as flutuações desaparecem. Vemos essa ideia quando os participantes de um concurso televisivo apelam ao público para pedir ajuda. Eles estão consultando a sabedoria das multidões.

Pouco mais de um século depois, descobrimos que grupos pequenos são ainda mais sábios que as multidões. A média ponderada por confiança que usam para combinar seus resultados é melhor que a média simples "à la Galton". Mas é mais do que isso, os grupos fazem algo ainda mais efetivo: voltam a pensar o problema juntos, explicam entre si como cada um chegou à sua conclusão, revisam esses procedimentos e, assim, melhoram substancialmente suas estimativas. Observamos a mesma receita usada no experimento de Mercier: a conversa torna visíveis os erros que nos levam a tomar decisões ruins.

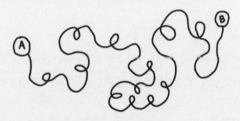

O que fazer se for impossível conversar antes de tomar uma decisão? Uma boa sugestão pode ser vista no xadrez profissional: os jogadores usam parte de seu próprio tempo para escrever em um gabarito o movimento que têm em mente antes de realizá-lo. Assim, no momento de escrever o movimento, conseguem detectar eventuais falhas que tenham passado batido. Nesse terreno tão restrito por regras, anotar a jogada é o mais parecido com conversar. E o mesmo vale, de alguma maneira, para todas nossas decisões importantes. Antes de executá-las, convém escrevê-las. É melhor ainda se pudermos contá-las a outra pessoa. Só assim descobriremos falhas que passaram despercebidas durante o raciocínio nas águas turvas do pensamento.

O delírio das multidões

O artigo em que mostramos que uma breve conversa melhora substancialmente a tomada de decisões causou um rebuliço na comunidade científica porque ia contra uma intuição estabelecida há mais de um século. Charles Mackay, um jornalista escocês, coletou no livro *Extraordinários delírios populares e a loucura das multidões* (1841) grande quantidade de acontecimentos históricos em que o fervor do diálogo em massa contribuíra para difundir, como se fosse um vírus, ideias extraordinariamente delirantes.

Trinta anos antes da invenção do telefone, Mackay já entendera que havia um princípio comum a todos esses acontecimentos: quando as discussões têm lugar em grupos amplos, certos pontos de vista se espalham e contaminam as opiniões individuais. Forma-se uma onda de crenças e a multidão perde a característica que a tornava tão valiosa: sua diversidade. Os erros (por excesso ou falta) tornam-se comuns e, em lugar de se anularem, são potencializados. É assim que começam os delírios populares descritos por Mackay. O princípio do delírio é o contágio. As ideias, como o riso, o choro, o medo e o entusiasmo, são altamente contagiosas.

A lista de delírios históricos inclui a caça às bruxas, as Cruzadas, as guerras... Cada um desses fenômenos compartilha a essência reflexiva que já vimos nas bolhas financeiras. As multidões, que se reúnem hoje mais do que nunca graças às mídias sociais, convergem com grande facilidade em direção ao delírio. Chega a ser quase a marca de nossa época. Mackay teria se esbaldado com o Twitter.

A contradição que precisamos resolver é a seguinte: como pode ser que o acúmulo de opiniões leve tanto ao delírio, como sugeriu Mackay, quanto à sensatez, como vimos em nosso experimento das multidões?

A sabedoria das multidões

A resposta é simples. *A boa conversa só ocorre em seu habitat natural.* Em primeiro lugar, ainda que soe elementar, os grupos precisam ser pequenos. Uma multidão não conversa, dispara fogo verbal cruzado. Também não há tempo nem ânimo: os que se esgoelam querem ser escutados, não querem escutar a si mesmos. Em segundo lugar, as pessoas precisam ter uma mente aberta e propensão a escutar e trocar ideias.

Esse princípio já era bem conhecido entre os gregos, que foram pioneiros em construir uma visão compartilhada do mundo por meio da conversa. Filosofia, como aponta Platão no *Banquete*, se faz conversando, e não, como imaginamos hoje, escrevendo em um quarto isolado. O banquete socrático incluía um trágico, um médico e um cômico, pessoas com perspectivas diversas que relaxavam confortavelmente para desfrutar de um pouco de comida e bebida com música ao fundo. Esse era o contexto ideal para a troca de ideias mediante a conversa. Daí vem a palavra *simpósio*, que hoje se entende como um congresso de especialistas, mas que etimologicamente significa: *sin* ("junto", como em *sinfonia*), *poi* ("bebida", como em *potável*) e o sufixo *sis*, que se refere a uma ação. Ou seja, simpósio é o bom contexto para conversar: para *beber juntos*.

Essa ode à boa conversa se repete ciclicamente ao longo da história humana, com marés altas e baixas de simpósios, banquetes e bons espaços para compartilhar ideias por meio da palavra. Há cerca de quinhentos anos, Michel de Montaigne antecipou o Iluminismo e o humanismo com essa mesma premissa: ele apontou que a boa conversa como principal laboratório de ideias se perdera. E, assim, esboçou em seus ensaios os princípios da *arte de conversar*:

- Não se ofender com quem pensa diferente e abraçar quem nos contradiz.
- Falar não para convencer, mas para desfrutar. Apreciar o exercício de raciocínio.
- Falar com a própria voz, não como uma repetição enciclopédica de citações.
- Duvidar de si mesmo e lembrar que sempre podemos estar errados.
- Usar a conversa como um espaço vital para julgar suas próprias ideias.
- Valorizar ideias apenas pelo impacto que causam quando as colocamos em prática, da mesma forma que respeitamos um cirurgião por suas operações ou um músico por suas apresentações.
- Conservar um pensamento crítico vivo.
- Não confundir o belo com o certo.
- Evitar prejuízos, distinguindo atentamente os exemplos concretos das generalizações.
- Encontrar a boa ordem de nossas ideias e revisar cuidadosamente nossos argumentos.
- Refletir sobre o que aprendemos com o outro na conversa.

Montaigne é o herói da conversação; um herói atípico que, embora não seja o mais forte nem corra mais rápido, compreendeu que a palavra é a ferramenta mais valiosa para moldar nossas ideias, e serviu-se dela para resolver um dos conflitos mais violentos de seu tempo.

Retomamos essas ideias, que sempre estiveram na intuição dos grandes pensadores, e as convertemos em ciência. Nosso espaço conversacional se constituía de uma multiplicidade de pequenos grupos, não de um grupo multitudinário. É a mesma chave identificada por Kennedy após o estrondoso fracasso da baía dos Porcos, quando decidiu dividir seu grande conselho assessor em pequenos grupos de debate.

Em nosso experimento, cada um dos 10 mil participantes voltava ao seu lugar após conversar com o grupo, e lá decidia se mudava ou não de opinião. A maioria optava por mudar e chegava desse modo a uma conclusão muito melhor que a original, melhor até que a do grupo. A análise das respostas revela os riscos (do contágio) e os benefícios (da revisão). Vamos começar pelo lado mais arriscado. Ao fim de uma conversa, as opiniões dos integrantes de cada um dos grupos ficam mais parecidas. A riqueza da diversidade se perde devido à influência que algumas pessoas exercem sobre as outras. Mas o contágio é muito moderado porque a separação em grupos funciona como uma porta corta-fogo para o delírio coletivo. Os benefícios, por outro lado, são bem mais proeminentes. As mudanças de opinião produzidas após uma conversa quase sempre vão na direção certa.

Resumindo, ao ordenar as respostas por seu grau de precisão, temos a seguinte hierarquia: as piores são aquelas que as pessoas apresentam antes de conversar; as obtidas com a média de todas as opiniões (Galton) são um pouco mais precisas; ainda melhores são as que surgem a partir da média ponderada segundo a confiança (algoritmo ideal para combinar resultados); as que se resolvem em grupo, com discussões sobre os argumentos e os procedimentos, são muito melhores; e as opiniões formadas por cada indivíduo depois de conversar são muitíssimo melhores, a uma distância notável das outras.

Conversas ocorridas em grupos pequenos conservam o melhor dos dois mundos: por um lado, o processo de revisão e correção de erros, que só se resolve com o intercâmbio; por outro, como os grupos são pequenos, proporcionam um grau de independência estatística que impede a multidão de formar um bloco monolítico de pensamento. Essa é, de algum modo, a fronteira entre a sabedoria e a loucura das massas, o terreno de onde extraímos o melhor do diálogo.

Medo na reunião, incêndio nos corredores

Ao redor de uma grande mesa, durante uma reunião, que pode ser de negócios, política, familiar ou entre uma comunidade de vizinhos, sempre há alguém que monopoliza a conversa, às vezes por sua condição hierárquica, outras por ser o membro mais extrovertido do grupo. O caso é que a maioria escuta; muitos discordam, mas, por timidez ou falta de coragem, permanecem calados. Terminada a reunião, nas conversas pelo corredor, as pessoas conversam abertamente com aquelas com que têm mais intimidade. Só então vêm à tona todos os problemas que elas apenas pensaram em falar: uma grande oportunidade perdida devido ao tamanho e à forma desproporcionais da mesa da reunião.

Margaret Heffernan conta como isso deu origem a grandes desastres. No dia 29 de outubro de 2018, o voo 610 da Lion Air bateu pouco após decolar do aeroporto de Jacarta. Alguns meses

mais tarde, em 10 de março de 2019, houve outro acidente muito parecido durante uma decolagem em Adis Abeba. No total, morreram 346 pessoas.

Por que ninguém advertiu a tempo sobre as falhas identificadas pouco depois por perícias exaustivas? Uma parte essencial do problema foi a falta de âmbitos adequados para identificarem e comunicarem os riscos que se expressaram na forma de um incêndio no corredor, silenciados pelo medo que imperava na reunião.

Esse problema é comum a todas as organizações e, quanto maiores e mais complexas, mais notório ele fica. Em muitas oportunidades, podemos remediá-lo sem necessidade de intervenções espetaculares ou grande fanfarra tecnológica. Basta substituir os espaços de diálogo ineficazes, que confirmam as crenças arraigadas, pelas boas conversas.

Na segunda parte do livro, analisaremos a mesma ideia, substituindo a multidão de agentes de uma organização pela multiplicidade de vozes existentes dentro da própria pessoa. Veremos que o bom uso da palavra repercute sobre outros acidentes menos espetaculares, mas muito mais frequentes, cuja origem se encontra em medos infundados, em irritações incontroláveis e em desgostos que causam doenças: em todos os disparos tóxicos de emoções, ideias ou memórias que recebemos durante as conversas tendenciosas de nossa multidão interior.

OS CONTORNOS NEBULOSOS DO ACEITÁVEL

Vamos atacar de uma vez por todas a crise da conversação. Aí onde seu fracasso parece mais retumbante. No domínio da moral e da política: terrenos polarizados de crenças aparentemente sem margem de manobra. Mostraremos mais uma vez que, mesmo em meio a esse caos, a palavra tem uma capacidade de transformação extraordinária.

Um ano após pedirmos que as pessoas debatessem sobre a altura da Torre Eiffel, voltamos ao mesmo foro com a intenção de aumentar a aposta: de repetir o jogo, mas com questões muito mais polêmicas e complexas, como o aborto, o sacrifício de alguns para salvar os outros, a primazia da lei sobre a amizade, a manipulação genética. Minhas opiniões sobre esses dilemas não vêm ao caso (claro que as tenho). O importante é começar, sem preconceitos, um debate aberto, que nos permita revisar e compreender nossas posturas, opiniões e juízos até sobre assuntos tabus, que dificultam o exercício da palavra.

Como preparação para esse experimento, fizemos um levantamento dos temas que geram maior polarização e, em seguida, calibramos cada um deles para que a divisão fosse equitativa entre pessoas a favor e contra. Cada cenário envolvia uma ação particular. Por exemplo, um apresentava dois irmãos adultos que se amavam e que, de maneira consciente e consensual, decidiam fazer sexo. O grupo deveria responder à pergunta: isso é aceitável?

A escala para a resposta era de zero a dez: zero significava que a situação era completamente inaceitável e dez que era perfeitamente admissível.

Uma consideração que surgiu ao propor o dilema dos irmãos que mantêm relações sexuais foi que tivessem um filho com má formação genética. Isso é interessante porque não mencionáramos em momento algum o gênero dos irmãos, nem que tipo de relações sexuais teriam. Os participantes assim partiram do pressuposto que se tratava de uma relação heterossexual, com penetração vaginal e a possibilidade de gravidez. Imaginamos que, eliminando essa inquietação, o dilema ficaria mais aceitável, e apresentamos um exemplo diferente: os irmãos decidiam fazer sexo oral. Contudo, ao especificar de tal forma a circunstância hipotética, também a tornamos mais visualizável, e com isso ela provocou reações físicas mais intensas. Consequentemente, as pessoas acharam essa versão do dilema ainda mais inaceitável, em média.

Fiquei comovido de presenciar 10 mil pessoas debatendo sobre assuntos incômodos. Foi um exercício de ciência, mas também de liberdade. Guardo as fotos desse dia como um registro expressivo das emoções que costumam aflorar nesse tipo de conversa. Gosto particularmente da foto tirada de um grupo que discutia um dilema clássico da moral, ao estilo do filme *Bastardos inglórios*, de Quentin Tarantino: uma família se esconde no sótão após uma invasão militar; se fizerem barulho, serão todos descobertos e executados, incluindo um recém-nascido que está nos braços de sua mãe. Na metade desta situação crítica, o bebê começa a chorar. A mãe, em desespero, tapa sua boca. Tenta de tudo para acalmá-lo, sem sucesso. Após algum tempo, ela finalmente percebe que a única alternativa para salvar o resto da família é sacrificar o bebê e decide matá-lo. Eis a pergunta: isso é aceitável? No que se tornou algo parecido com um comitê de ética espalhado por todo o estádio, milhares de grupos debateram em uníssono. Num deles, uma mulher discutia fervorosamente segurando um bebê nos braços.

Costumamos ter opiniões bastante claras sobre esses dilemas. Além do mais, eles parecem absolutos, categóricos. Não costumamos ver uma questão em termos de gradações ou quantidades e temos a impressão de que exigem uma definição assertiva quanto a um lado ou outro da discórdia. Não é assim. Em primeiro lugar, podemos *ajustar* a sutileza de qualquer problema para levar quase todo mundo a mudar de opinião. Eis um exemplo. Se a pessoa enfrenta uma circunstância na qual deve denunciar um amigo que cometeu uma infração, costuma antepor uma questão de princípios: de um lado os que dão prioridade à lei e de outro os que valorizam a amizade acima de tudo. Alemães e argentinos. Pois bem, se aumentamos gradualmente a gravidade da infração, surge um ponto de inflexão em que as duas forças se equilibram. Além desse ponto, a balança se inclina na direção contrária.

Mais surpreendente ainda é a capacidade de mudar essas ideias que parecem tão arraigadas. Em outro estádio dominado pelas conversas, descobrimos que, com efeito, *nossas crenças são bem mais maleáveis do que imaginamos.*

Os cinzentos de alta confiança

Quais as chances de que pessoas com opiniões completamente antagônicas sobre assuntos espinhosos da ideologia e da moral entrem em acordo após alguns minutos de conversa? A intuição coletiva, forjada nas grandes tribunas das mídias sociais, sugere que a probabilidade de um consenso é ínfima, mais um reflexo do grande ceticismo sobre a capacidade do diálogo para aparar as arestas.

Esse pessimismo é justificado? Respondemos a esta pergunta confrontando as intuições coletivas com os experimentos realizados em Buenos Aires e Vancouver, no palco principal do TED. Cada pessoa julgou, numa escala de zero a dez, até que ponto era aceitável a situação proposta no dilema. Em seguida, se reuniram em grupo — como se fossem um comitê de ética — para tentar chegar a um consenso: um número que resumisse de forma unânime a opinião do grupo sobre quão aceitável era o dilema. Bastava um dos três integrantes não estar de acordo com essa nota para invalidar o consenso. Como no julgamento de Fonda.

Como era de se esperar, as chances de atingir um consenso diminuíam à medida que as opiniões dos membros do grupo se tornavam mais díspares. O que mais chamou a atenção foi que a probabilidade de chegar a um acordo em grupos cujos participantes tinham visões completamente antagônicas estava entre 30% e 50%, conforme a pergunta e o lugar (para minha surpresa, a proporção de consenso foi mais alta em Buenos Aires do que em Vancouver). Em todo caso, para todas as perguntas e lugares, a probabilidade de consenso foi muito maior do que as pessoas estimavam. Acontece que a realidade é bem mais moderada, flexível e aberta do que a imaginação.

Restava ainda analisar por que alguns grupos são tão mais propensos ao consenso do que outros quando partem da mesma posição antagônica. A chave está em alguns personagens atípicos: os cinzentos de alta confiança. Vejamos como funciona.

Pessoas com opiniões extremas costumam confiar demasiadamente em suas respostas. Os "cinzentos" — para quem o dilema apresenta um grau intermediário de aceitabilidade —, por sua vez, são mais desconfiados. Dentro dessa norma encontramos algo muito mais revelador e interessante: uma pequena amostragem de pessoas que respondem com graus intermediários de aceitabilidade, mas com grande confiança na resposta. São cinzentos porque estão convencidos de que o dilema moral apresenta bons argumentos de um lado e do outro, nem sempre livres de contradição. Descobrimos que *os cinzentos de alta confiança são a chave para o consenso*, possibilitando que pessoas com ideias opostas entrem num acordo.

Aqui entra em cena novamente nosso herói da conversação: Michel de Montaigne, o santo padroeiro dos livres-pensadores. Por meio do ensaio, Montaigne criou um modo de refletir sobre qualquer assunto, independentemente das dúvidas ou ressalvas que alguém possa ter. Qualquer ideia pode ser pensada e conversada. Para ele, isso não era mera retórica. Montaigne abria as portas de sua casa e recebia com banquetes e conversas quem o ameaçava, desse modo salvando a própria pele em mais de uma ocasião. E, como costuma acontecer com os cinzentos de alta confiança, Montaigne sofreu na época ataques de ambos os lados da trincheira que separava violentamente os católicos dos huguenotes. A conversa sempre foi sua arma de defesa e seu modo de mediar os conflitos, a ponto de ele acabar sendo uma figura decisiva na promulgação do Édito de Nantes, que serviu ao rei Henrique IV para consagrar a liberdade religiosa na França e pôr um fim, ao menos por algum tempo, a esse longo episódio de matanças. Montaigne é *o* cinzento de alta confiança por excelência. Como reconhecimento e uma modesta homenagem à sua figura, passarei a chamar os cinzentos de alta confiança de *montaignes*.

Os dilemas dos nossos experimentos são caricaturas do pensamento moral, situações concisas, controladas, quase matemáticas. Esse desenho é ideal para experimentos, mas tira o realismo deles. Talvez o poder da conversa, da lógica de Mercier às decisões intuitivas e morais, funcione em laboratório, mas não na "vida real", onde tudo é mais complexo. Portanto, ainda nos falta uma última investida,* sair do laboratório para verificar se a conversa continua funcionando. Faremos isso em duas viagens: a primeira para a infância, onde é decidido, numa batalha silenciosa, como entendemos o mundo; a segunda para Jerusalém, palco de um dos conflitos mais insolúveis da história recente.

A redondez da Terra

Messi ou Cristiano Ronaldo? E a legalização do aborto? Na Espanha, separatismo ou constitucionalismo? Na Argentina, peronismo ou antiperonismo? E quanto a Trump? Cada um desses dilemas abre, em seu domínio específico, uma fissura ideológica. De todas, há uma que é particularmente interessante devido à extravagância do debate intelectual proposto por ela, separando quem acredita que a Terra é redonda dos assim chamados terraplanistas. Essa discussão, trazida à baila várias vezes ao longo da história, possui duas imagens icônicas. A primeira, de Eratóstenes medindo a circunferência terrestre — com surpreendente precisão — baseando-se na diferença das sombras projetadas pelo sol, à mesma hora, em Siena e Alexandria; a segunda, de Cristóvão Colombo propondo a uma atônita rainha Isabel chegar às Índias navegando para oeste. A cronologia dessas histórias chama a atenção. Eratóstenes descobriu e mediu a circunferência terrestre cerca de mil e setecentos anos antes de Colombo zarpar, sem saber, em direção às Américas. A versão mais comum de como reconciliar as duas histórias constitui uma

---

* A última nunca é a última. Um exemplo célebre é a impossibilidade de encerrar uma rodada de cervejas; de onde os termos que costumam ser empregados para aludir à última das últimas: no Brasil, "saideira"; na Espanha, "espuela"; no México, "la del estribo"; e, em inglês, "one for the road".

espécie de buraco negro da cultura humana na Idade Média, onde todo o conhecimento grego fica confinado às bibliotecas e alguns poucos arautos se encarregam de manter a chama viva até o Renascimento. De acordo com o relato feito por Jeffrey Russell em *Inventing the Flat Earth* [Inventando a Terra plana], a narrativa do audacioso Colombo não passa de um mito que, como tantos outros, se alastrou como fogo. Segundo Russell, a ideia da Terra esférica já era amplamente aceita na Idade Média e continuava sendo nos tempos de Colombo e Isabel.

Se esperasse um pouco mais para publicar seu livro, talvez Russell tivesse duvidado da continuidade infalível de uma ideia historicamente comprovada. Em 2017, apenas dezesseis anos após a publicação, era realizada na Carolina do Norte a Conferência Internacional da Terra Plana. Tinha início o auge do terraplanismo.

As dificuldades de nossos ancestrais na época em compreender a esfericidade da Terra são as mesmas que se manifestam no desenvolvimento cognitivo de cada indivíduo. Há um paralelismo entre as revoluções conceituais no aprendizado de uma criança e na história da cultura. Na tenra infância, o caráter plano da Terra se apresenta como algo evidente para os sentidos. É a conclusão natural do sistema automático de pensamento, e por isso tão difícil de erradicar. Como uma criança de cinco anos pode compreender que o planeta[*] é redondo se quando visto de todas as direções parece plano? Como entender que ele flutua no espaço sem nada a sustentá-lo? Como pode ser que seja redondo e que quem está embaixo, do outro lado do mundo, não caia? As grandes revoluções conceituais no desenvolvimento cognitivo envolvem a construção de sistemas irreconciliáveis com aqueles que suplantam. E isso nos leva — por um feliz acaso — à Terra

---

[*] Planeta: ponto para os terraplanistas.

de Eratóstenes, na moderna universidade de Atenas, onde a professora de neurociência cognitiva Stella Vosniadou fez o estudo mais minucioso e exaustivo que existe sobre os anos de transição em que a criança concebe o mundo como plano até chegar à compreensão de que é redondo, com tudo que tal mudança de cosmovisão implica.

Acontece que essa transição é muito menos imediata, mais trabalhosa e contraditória do que lembramos. Observar com lupa esse processo espontâneo que revoluciona o pensamento é um bom exercício para sair do atoleiro quando, na vida adulta, empacamos em algum modo de pensar.

O que significa na cabeça da criança o mundo ser redondo? Para reconstruir essa representação mental, Vosniadou propõe uma série de perguntas, como: Onde acaba a Terra? Onde se pode ver que a Terra é redonda? Por que sempre olhamos para cima para ver as estrelas, a lua e o sol? E outras nessa linha. As crianças respondem com palavras e desenhos que permitem decifrar o que querem dizer na realidade quando afirmam que o mundo é redondo. Vosniadou descobriu que quase todas as crianças passam por três fases, representadas aqui por desenhos de alunos do Liceu Jean Mermoz, em Buenos Aires, quando, em parceria com Diego de la Hera e Cecilia Calero, desenvolvemos investigação similar à de Vosniadou.

1. MODELO PLANO   2. MODELO DUAL   3. MODELO OCO

1. A Terra é redonda. Mas é um disco, não uma esfera. Essa é a maneira mais natural e simples de conciliarem o que acreditam (que é uma superfície plana) com o que acabam de descobrir (que o contorno é redondo).

2. Neste modelo, a Terra é uma esfera, flutua no espaço, tem mares, a América e a China estão ali. A Terra parece o globo terrestre que as crianças viram em algum momento. Mas não é aí que vivemos. Neste modelo mental, a Terra é como a Lua ou o Sol, um dos tantos objetos no cosmos. Logo, por outro lado, há um plano no qual habitamos.

3. A Terra é redonda. Nesta fase, a criança compreende que isso se refere à curvatura da superfície. Mas ainda precisa resolver como os que estão embaixo não caem. A solução é uma Terra côncava: vivemos em uma tigela.

Nenhum desses modelos corresponde à realidade, mas são construções maravilhosas e surpreendentes da imaginação para acomodar da melhor forma possível todos os dados que as crianças têm à sua disposição. Eles representam um modo de resolver e harmonizar o que aprenderam com a própria vivência. A solução do modelo dual sempre me pareceu uma mostra do extraordinário virtuosismo do pensamento humano. A capacidade de encaixar peças que parecem completamente incompatíveis é uma solução simples, elegante e criativa.

Diego, Cecília e eu formamos duplas de crianças com diferentes modelos mentais do mundo para desenharem a Terra, as nuvens, o Sol, suas casas, o outro lado do mundo (China), as estrelas, o mar... O projeto exigia um consenso: duas crianças com opiniões distintas sobre o planeta tentavam chegar a um acordo no desenho. Depois, cada uma voltava a seu lugar e resolvia os exercícios que

Stella Vosniadou havia usado para classificar os modelos mentais durante a mudança conceitual.

Descobrimos que, em quase todas as duplas, quem utiliza os argumentos mais frágeis tende a mudar sua representação e quem usa argumentos mais consistentes com a realidade não retrocede a um modelo mais precário. Ou seja, o pensamento para o qual o grupo converge não nasce de nenhum tipo de liderança social, nem de um exercício de concessões e negociações mútuas que chegará a uma média, e sim prevalecem os argumentos mais convincentes. Como Henry Fonda fazendo os demais membros do júri mudarem de ideia. Entre crianças e adultos, nos grupos pequenos, o bom uso da razão é a força decisiva.

Sem essa atividade, todas as crianças teriam mudado sua representação lentamente, por meio de vários saltos cognitivos, até chegar a um modelo mais adequado. Vemos assim que uma simples conversa, uma brincadeira em grupo entre duplas, é capaz de precipitar e acelerar enormemente essa revolução conceitual. A conversa entre duplas é uma ferramenta extraordinariamente poderosa e efetiva na escola. Primeiro, porque catalisa o desenvolvimento das ideias e, segundo, porque nos torna melhores em uma arte essencial: a do bom uso das palavras.

Um mouro judeu

Voltaremos agora ao mundo adulto, onde essas batalhas conceituais podem e costumam assumir tons muito mais violentos e onde, por esse mesmo motivo, é ainda mais urgente encontrar uma maneira de apaziguá-las. Vamos para o epicentro de uma dessas batalhas. Jerusalém, para onde nações, povos, religiões e uma história interminável de guerras e conflitos confluem em pouco mais de cem quilômetros quadrados.

Viajei para Israel pela primeira e única vez em 2012, em um voo de Madri a Tel Aviv. Cheguei apressado ao portão de embarque para descobrir que ainda faltava um controle de segurança. Inspeções de aeroporto sempre me assustam; não consigo deixar de pensar na infinidade de documentos, objetos nos bolsos ou argumentos que posso ter esquecido. Sempre fico intimidado, sentindo cometer alguma infração em potencial. Também não deixo de pensar em como tenho sorte; na quantidade de gente que arrisca a vida de verdade para atravessar fronteiras.

Meu trâmite era muito simples. Ia a um congresso na Universidade Hebraica de Jerusalém, em Ein Guedi, um lugar encantador às margens do mar Morto. Na ocasião, me dirigi ao posto de controle com tanta pressa que nem tive tempo de ficar preocupado. Respondi com determinação a todas as questões até o agente me perguntar se era judeu e eu compreender que, como nos dilemas morais de nosso experimento, não havia uma resposta binária. De modo que empreendi à máxima velocidade um processo de deliberação para descobrir quem era.

Venho de família judaica; tenho uma enorme sensibilidade emocional pela cultura, pela comida, pela música judaica. De vez em quando comemoro, muito esporadicamente, os feriados judeus, cujos rituais, datas, tradições e história desconheço quase por completo. Me confundo até com os nomes. Nunca fui a uma sinagoga, não sou circuncidado — nem deixa de me surpreender que a morfologia do pênis seja um dos elementos distintivos de uma crença — e jamais frequentei clubes ou escolas judaicas. Mas, quando meu avô me deu de presente *Os meus gloriosos irmãos*, de Howard Fast, escrevendo a dedicatória, "Para que você nunca deixe de amar também o povo judeu", senti a história dos macabeus como se fosse a minha. E também descobri que sou irremediavelmente judeu, acima de tudo porque é assim que os outros me veem. Descobri tal coisa na hostilidade e agressão com que, recém-chegado à Argentina, encontrei na carteira escolar um sabonete com meu nome escrito. Eu, sabonete humano; eles, os fabricantes. De certa forma, descobri minha condição de judeu quando percebi que para os outros eu não passava de um judeu de merda.

Pensei tudo isso nos poucos segundos — para os agentes pareceram muitos — que levei para sintetizar semelhantes elucubrações em um "mais ou menos", em um "nem sim, nem não". Não era gracejo, ousadia ou provocação. Foi a descrição mais concisa, honesta e, conforme calculei, conveniente para sair daquele transe migratório a tempo e embarcar no avião. Estava redondamente enganado. Em pouco tempo fui parar no subsolo, aonde levavam os *montaignes* de alta ou baixa confiança; os que não pertenciam a nenhuma das categorias preestabelecidas. Perguntaram-me sobre todos os elementos que definem se alguém é judeu, incluindo muitos dos que eu esboçara em minha tentativa de resposta: minha família, as escolas que frequentei e, claro, a morfologia do meu pênis.*

O embarque foi apenas o prelúdio dessa que seria uma das viagens mais intensas da minha vida. Cada momento, cada local vinham carregados com uma força emocional inusitada, das ambiguidades geográficas e políticas na estrada para Masada, da força inesgotável da noite em Tel Aviv, da infinita calma do pôr do sol em Jaffa — bem onde o Mediterrâneo termina — ao kibutz Beit Alfa, onde descobri um ramo da família que se bifurcou há noventa anos, quando minha avó deixou Grodno rumo ao oeste do

---

* Jan Taminiau, estilista da alta roda que veste a realeza e estrelas como Lady Gaga, contava que, para decidir como vestir alguém, fazia uma entrevista com a pessoa, buscando respostas para estas três perguntas: Quem você quer ser? Quem pode ser? Quem as pessoas deixarão que seja? É uma forma existencial de pensar a alta costura e a moda, outro interessante aspecto da condição humana.

rio da Prata e sua irmã foi para o leste palestino. Durante cinco dias se expressou essa mescla de identidades que tão encantadoramente resumiu meu amigo Jorge Drexler quando disse: "Sou um mouro judeu que vive entre os cristãos, não sei qual é meu deus, nem quem são meus irmãos".

A fronteira de Jerusalém

Minha história de identidades mistas e fragmentadas não é nada diante do drama humano que perdura há milênios, consolidado em crenças e paixões irreconciliáveis. Jerusalém é um dos grandes desafios para os *montaignes* e para lá se dirigiram Amit Goldenberg e Eran Halperin, do sugestivo Laboratório de Psicologia do Conflito e Reconciliação Intergrupal.

Seu experimento era muito parecido com o que fizemos em Vancouver, com uma diferença fundamental: a discussão era real, não hipotética, sobre assuntos de vital importância para os participantes das conversas. Consequentemente, tomaram ainda maior cuidado — se possível — em oferecer as condições apropriadas para a realização de uma boa conversa. Antes de iniciar o debate, comunicaram a todos os grupos que os demais estariam predispostos a mudar de parecer.

Com efeito, um grande obstáculo para a resolução de conflitos consiste em partir do pressuposto de que o *adversário* não retificará sua posição. O resultado dessa crença é que as conversas se tornam cada vez mais rígidas: de novo, a profecia autorrealizável da reflexividade. Intervir nesse curto-circuito promovendo a ideia de que o outro é maleável melhora substancialmente as atitudes intergrupos e a boa vontade para negociar, fazer concessões e chegar a um consenso. Halperin e Goldenberg fizeram a prova máxima com essas ideias, no coração do conflito palestino-israelense.

A fratura é tão profunda que o mero contato e encontro de grupos é ineficaz e, às vezes, até contraproducente. Os responsáveis pelo experimento procuraram pessoas convencidas de que era possível encontrar soluções para participar do projeto como voluntários. Antes do encontro, esses facilitadores eram incumbidos de comunicar aos membros dos grupos que seus *oponentes* tinham opiniões mais flexíveis do que imaginavam. Os voluntários eram, precisamente, *montaignes*, os catalisadores de consensos.

Goldenberg e Halperin obtiveram alguns resultados promissores, ainda mais se levarmos em consideração que o estudo foi feito no fim de 2014, em um momento de particular virulência do conflito. Eles demonstraram que a conversa funcionava quando se avisava de antemão aos participantes que seu interlocutor se dispunha a mudar de opinião. Só então a interação do grupo é construtiva e respeitosa, os participantes ficam menos inclinados a prejulgar e mais predispostos a cooperar e buscar soluções conjuntas.

As variáveis observadas nesse estudo são diferentes das de nosso experimento de consensos. Além do mais, os dois estudos são independentes e foram realizados a milhares de quilômetros de distância e em contextos bem distintos. Entretanto, as conclusões são muito parecidas: os que recebem a mensagem de que os grupos podem mudar mostram atitudes mais positivas entre si e isso os leva a uma maior disposição em dialogar, a apartar-se de uma visão rígida, a encontrar consensos e a aceitar compromissos sérios em nome da paz.

As barreiras mentais

Acreditar que somos maleáveis gera maior propensão à mudança. É a bolha inflacionária da razão, mais uma prova de nossa reflexividade. O processo contrário também tem lugar e é, de fato, muito mais comum: acreditar na rigidez alheia constitui a maneira mais direta de empacar. Esse princípio não se aplica apenas à nossa visão sobre as pessoas e suas ideias: também é válido no que diz respeito aos nossos sucessos, virtudes e emoções.

A importância de uma mente maleável é vista numa série de estudos realizados em escolas. Carol Dweck, professora de psicologia social em Stanford, investigou as respostas dadas por um grupo de crianças de dez anos a um problema que excedia sua capacidade de resolução. As crianças reagiram de forma muito diferente: algumas percebiam que o problema era muito difícil, talvez além do seu alcance no momento, mas se entusiasmavam e enfrentavam o desafio. Trata-se de um tipo de pessoa com mentalidade maleável, também conhecida como *de crescimento*. Do outro lado estavam os dotados de uma mentalidade inflexível; os que se frustram e sofrem um bloqueio ao se deparar com uma dificuldade.

Os primeiros sabem que, ainda que não sejam capazes de resolver o problema no momento que ele é apresentado, podem aprender o necessário para resolvê-lo depois. Os segundos ficam empacados. Se não conseguem resolvê-lo de imediato, nunca o farão. Dessa perspectiva, as habilidades mentais são rígidas: o que é impossível hoje segue sendo impossível para sempre.

Dweck acompanhou a evolução educacional dos dois grupos e descobriu que os indivíduos dotados de uma mentalidade de crescimento acabam adquirindo os conhecimentos necessários para resolver o problema. Os demais, por sua vez, o evitam.

Entediam-se, colam, chamam a si mesmos de incapazes, ficam frustrados e dessa forma acabam parando de estudar. A bolha reflexiva começa a acentuar cada vez mais as diferenças iniciais, que, em muitos casos, são de propensão, não conhecimento.

Então a capacidade de progredir depende da mentalidade que a pessoa calha de ter? A boa notícia é que não: embora as propensões existam, todos podemos aprender. E às vezes, como nos experimentos de Halperin, sem qualquer esforço extraordinário. É possível melhorar substancialmente a trajetória educacional de um aluno simplesmente mostrando que é possível, e vale a pena, passar algum tempo se esforçando para chegar a lugares que parecem impensáveis. É a versão espelhada da maleabilidade aplicada a si próprio e não aos outros.

Essa regra é válida na escola e fora dela, ao longo de toda a vida. Inclusive, até certo ponto, vale também para outras espécies. Vamos começar por esta última afirmação. Nossa história tem início em meados do século passado, em John Hopkins, quando Curt Richter realizou um experimento um tanto macabro. Ele colocou ratos em baldes d'água e os deixava nadarem até desistirem. A maioria se dava por vencida após dois ou três minutos. Outros, por sua vez, nadavam durante dias antes de jogar a toalha. Uma diferença categórica: minutos ou dias.

Richter teve uma ideia para explicar esse fenômeno: a esperança. A crença de que, mais cedo ou mais tarde, virá um resgate ou aparecerá uma solução para saírem do balde, um combustível motivacional para continuarem nadando. Ele chegou assim à conclusão de que tal crença era o que diferenciava os ratos que nadavam durante dias dos que se entregavam ao fim de alguns minutos. Richter elaborou então um novo experimento em que insuflava "esperança" (ou mentalidade de crescimento) nos ratos. Ele colocava os animais no balde e os resgatava quando estavam prestes a se afogar. Com esse simples gesto, mostrando-lhes que podia haver uma saída, conseguiu fazer os ratos nadarem muito mais tempo quando entravam na piscina pela segunda vez. Saber que as coisas podem mudar alterou o comportamento dos ratos. Como vemos, mais do que um traço humano, trata-se de um traço constitutivo da vida. Os judeus retratados como ratos nos quadrinhos de Art Spiegelman passam por transformações muito diferentes nos campos de concentração. Viktor Frankl conta em *O homem em busca de um sentido* que o princípio é o mesmo: a chave da sobrevivência era encontrar sentido, não abandonar a esperança e continuar aferrado à vida mesmo nas situações mais desesperadoras.

O escritor David Epstein estudou esse fenômeno no mundo do esporte. Por que corremos muito mais rápido agora do que há cem anos? Parte do motivo se encontra na evolução da tecnologia, da dieta, dos calçados e das técnicas de treinamento. Mas esses argumentos não bastam para explicar por que, após alguém bater uma marca aparentemente insuperável, surgem outros que repetem o feito em pouquíssimo tempo, como se estivessem apenas aguardando a deixa. O que muda é a mentalidade, o efeito esperança. No limite das capacidades humanas, saber que algo *pode* ser realizado é a última chave necessária para consegui-lo. Epstein conta a história das corridas de uma milha. Durante muito tempo, ninguém conseguia percorrer essa distância em menos de quatro minutos. De fato, até 1950, os médicos e os cientistas acreditavam que fosse fisicamente impossível para o corpo humano suportar um esforço assim.

Essa ideia permaneceu entranhada a ferro e fogo até que, em 1954, Sir Roger Bannister cobriu a milha em 3:59:40. A história, segundo o próprio Bannister, é uma ode ao poder da mentalidade de crescimento: "Pareceu-me lógico que, se podia correr uma milha em 4:01, também era possível fazê-lo em 3:59. Eu sabia o suficiente de medicina e fisiologia para perceber que não se tratava de uma barreira física, mas acredito que havia se convertido em uma barreira psicológica". Em 2021, o recorde mundial ficou com o marroquino Hicham El Guerrouj, com o tempo de 3:43:13, e mil e quatrocentas pessoas cobriram essa distância abaixo da marca "impossível" dos quatro minutos. Uma porção de gente que, assim que se deram conta de que a barreira não era inquebrantável, a superaram.

A barreira, é claro, estava no cérebro; mais concretamente, em um mecanismo de controle cerebral que, entre muitas outras tarefas, encarrega-se de administrar nossos recursos físicos para não ultrapassarem o limite do saudável, para não chegarem a um ponto em que podemos nos lesionar ou ficar sem energia. Este sistema, como veremos mais detalhadamente no quinto capítulo, às vezes exagera na precaução. Conhecer o funcionamento desse "interruptor" nos permite aprender a regulá-lo para ir além dos limites impostos pelo próprio cérebro. Epstein utiliza o exemplo dos esportes de longa distância — as maratonas, os triatlos, as grandes escaladas — para mostrar que o corpo está mais preparado do que imaginamos para enfrentar esse tipo de provas. Que em alguns casos é possível desativar o dispositivo limitador do nosso cérebro e alcançar lugares impensáveis.

Fora do esporte de alta performance, muitos podem dar testemunho de situações arrojadas em que algum limite é superado. Ocasionalmente, nosso corpo implora para não fazermos determinada coisa, mesmo quando supostamente não corremos risco. São ilusões em que o cérebro cai: voar de avião, andar de montanha-russa, assistir a um filme de terror... Em cada uma dessas situações, o regulador nos diz para abortar e percebemos um perigo que, racionalmente, sabemos não existir.

Tive uma dessas experiências quando fazia o programa de TV *El cerebro y yo*, com Diego Golombek, meu companheiro de aventuras. Viajamos à província de Salta, onde eu pularia de uma ponte.* Queria experimentar em primeira mão como transcorre o tempo durante uma queda no vazio. Não sabia, claro, que na realidade o experimento seria outro. Quando cheguei à ponte, equipado com as correias e a corda elástica que evitariam que eu me espatifasse contra o solo, percebi que não havia forma de pular. A vertigem era brutal, impossível de superar. Meu corpo inteiro me dizia que isso era suicídio e, de certa forma, tinha razão. Ao

---

* Graham *Bell* [campainha] inventou o telefone; Larry *Page* [página] criou o Google, o buscador de páginas mais famoso que existe, e Bill *Gates* [portões] projetou o Windows, um sistema de portas e janelas. Há infinitos exemplos da força imperativa de um nome no destino da pessoa e alguns estudos demonstram inclusive como os ofícios a que os sobrenomes se referem têm grande influência em decidir os rumos profissionais.

longo das eras, durante milhões de anos, uma queda dessa altura significava a morte (e sem o equipamento continua a ser assim). Eu não parava de repetir para mim mesmo que era seguro, que milhares de pessoas haviam superado — e superariam — a experiência. Um diálogo longo, árduo. Uma batalha entre o regulador que advertia "aos berros" para eu não me jogar e a voz da razão (somada à culpa pelo transporte de todo um equipamento de produção para filmar o salto). Por fim, pulei. Foram segundos infinitamente menos interessantes que essa brutal batalha prévia na multidão da minha mente. Ter mente maleável é um poder; poder que nos leva a fazer coisas que parecem impossíveis: dos gestos mais insignificantes (como meu salto para entender o funcionamento da mente nessas situações) aos mais extraordinários.

EXERCÍCIO
Ideias do capítulo 2 para viver melhor

1. **Explicar seus motivos ajuda a tomar decisões melhores**
   Conte para outras pessoas por que você fez o que fez. Ou, melhor ainda, o que planeja fazer. Se explicitar seus argumentos, será mais fácil localizar inconsistências, encontrar ideias alternativas ou criar estados de espírito mais apropriados para tomar decisões.
2. **Aprenda a dialogar consigo mesmo**
   Quando programadores não encontram a solução para algum problema, às vezes recorrem à "técnica do patinho de borracha", onde tentam explicar ao brinquedo (geralmente imaginário), sem contexto nem conhecimentos de informática, o que estão fazendo. O processo de explicitar todas as partes do problema ajuda a identificar questões importantes que passaram batido, elaborar novas perspectivas ou descobrir outras soluções.
3. **Anote suas decisões**
   O mero fato de escrevê-las dá margem a essa reflexão interna, mais deliberada, profunda e menos automática, que ajuda a tomar decisões melhores. É mais uma maneira, muito eficaz, de pôr em marcha a conversa interior.

4. **Enseje contextos para iniciar uma boa conversa**
   Sem um âmbito onde propor e receber críticas, expor e escutar pontos de vista alternativos, reduzimos as opções para compreender bem os problemas e tomar as melhores decisões. Abra as portas para tais encontros — lembre-se, sempre em grupos pequenos —, incentive-os e participe deles.
5. **Aposte nas nuances**
   Inclusive nessas questões em que acreditamos ter opiniões taxativas, inflexíveis, é provável que, se procurarmos bem, possamos encontrar sutilezas que sirvam como pontos de encontro. É mais fácil construir relações sobre essas bases.
6. **Procure os *montaignes*, os cinzentos de alta confiança**
   As pessoas capazes de enxergar bons argumentos de ambos os lados de um debate ajudam a chegar a consensos e a fazer deles uma excelente solução para algum problema. Seja qual for sua atitude, os *montaignes* são sempre grandes aliados, porque ajudam a fazer com que as conversas fluam.
7. **Presuma que qualquer um pode mudar de opinião**
   Ver o outro (ou a si mesmo) como incapaz de mudar de ponto de vista é um freio. Deteriora as conversas (inclusive as internas) e dificulta ainda mais avançar rumo a uma solução. Lembre-se de algum caso em que sua opinião mudou com o decorrer dos anos e admita que pode voltar a acontecer. No contexto adequado, diante de bons argumentos, isso pode acontecer também com os demais.
8. **Acostume-se a não saber tudo**
   Exponha-se, de vez em quando, a situações novas ou problemas desconhecidos para os quais você não tem uma solução. Isso lhe servirá de treinamento para quando precisar se aclimatar à altitude, como alpinistas fazendo subidas intermediárias antes de enfrentar uma grande escalada.

9. Lembre-se de que algumas limitações são mentais

Certas coisas nunca foram feitas porque não são possíveis. Muitas outras, por não terem sido alcançadas antes, são acompanhadas de uma barreira mental que parece insuperável. Prepare-se bem e ouse tentar.

3. A narrativa de si mesmo

Como editar nossa memória e descobrir quem somos

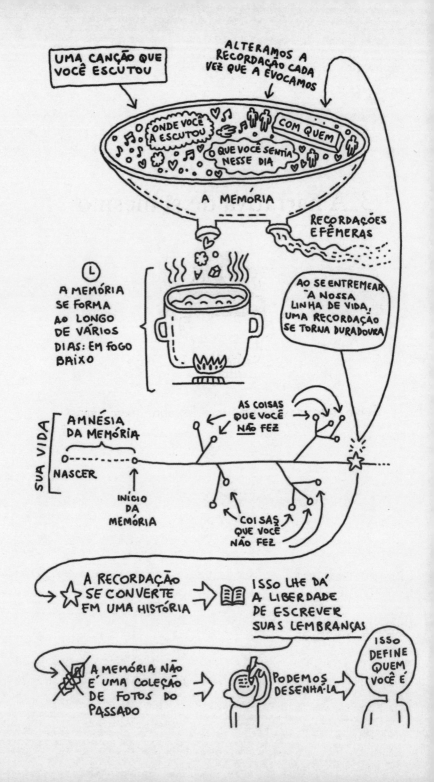

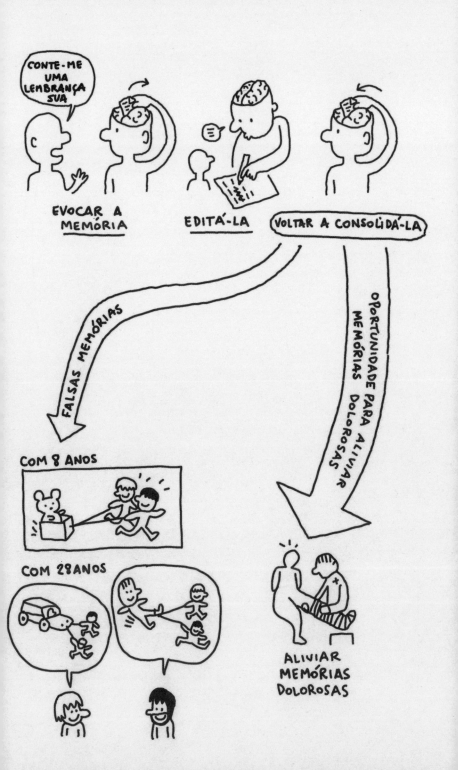

PLANO DE TRABALHO

A memória é caprichosa. Lembramos de coisas que preferiríamos esquecer e esquecemos outras que gostaríamos de lembrar. Algumas dessas recordações ganham corpo e terminam por se converter em crenças. A adolescente sentindo que os outros estão rindo dela em uma festa e, a partir dessa percepção enviesada, "constrói" a recordação de que tem algo errado com seu corpo ou sua forma de falar ou dançar. E, com base nessa crença, ela passa a se marginalizar, num estigma que é construído ora pelos outros, ora por nós mesmos. Parece que as lembranças são gravadas automaticamente, mas não é bem assim. Temos certa liberdade para escolher como registrar cada um dos episódios em nossa memória. É disto que trata este capítulo: de como as conversas, sobretudo as conversas travadas com nós mesmos, também constituem uma ferramenta fundamental para editarmos nossas recordações e definirmos uma identidade. Nossa memória não é uma mera coleção de fotos do passado; ainda que pareça surpreendente, podemos desenhá-la. Ela é repleta de ficções, correlações disparatadas e interpretações.

Relembramos uma canção — ou um lugar, uma história — não tanto em sua própria cápsula isolada, e sim pelo modo como nos relacionamos com ela: onde a escutamos ou com quem, o que aconteceu ou o que sentíamos naquele dia. É por esse motivo que, antes de desenvolver a noção de "si mesmo", não há nada além de amnésia. Não temos qualquer lembrança dos primeiros e decisivos anos de nossa vida porque as memórias não tinham na época uma identidade na qual se fixar. Eram lembranças de ninguém.

Em algum momento da infância surge espontaneamente a inclinação por compartilhar nossas vivências. Contamos umas coisas e nos calamos sobre outras: mediante esse processo de seleção, começa-se a moldar um personagem, e a trama de uma história, de uma saga, é urdida. Não a de Harry Potter, Tintim ou Sherlock Holmes, mas a de nós mesmos. Um centro de identidade em que cada um organiza suas recordações.

Somos todos escritores e editores, e vamos configurando nossa identidade em uma sequência de conversas com nós mesmos. Nessa narrativa se misturam, sem que percebamos, ficção e realidade. Surgem assim as falsas memórias: coisas de que nos lembramos com enorme convicção, mas que nunca aconteceram. Como veremos, elas são construídas mediante um mecanismo muito preciso: cada vez que evocamos uma recordação, a memória ganha labilidade e pode ser reescrita. As falsas memórias são o resultado de um sistema sofisticado e criativo que nos permite desenhar com certa liberdade o contorno da identidade; um sistema que diminui a precisão da lembrança, mas, ao mesmo tempo, torna-a mais maleável.

Minos, rei de Creta, furioso com o assassinato de seu filho, condenou os atenienses a enviarem de tempos em tempos catorze jovens ao labirinto do Minotauro. Após diversas viagens, Teseu, príncipe de Atenas, decide juntar-se a uma delegação de jovens sacrificados para pôr um fim à condenação. Ele mata o Minotauro com um punhal e escapa com a ajuda do novelo de Ariadne, filha de Minos, para regressar em seu barco a Atenas.

Passados os festejos, os atenienses honram o juramento que haviam feito a Apolo: visitar todo ano o santuário de Delos no barco de Teseu. Com o tempo e as viagens, algumas tábuas do barco se deterioram e os atenienses as substituem por outras feitas de madeira mais nova e resistente. Anos depois, o barco de Teseu não conserva mais nenhuma das tábuas originais. Eis então o questionamento lógico: Seria possível seguir honrando o juramento? Aquele continuava a ser o barco de Teseu? E, caso não fosse, em que exato momento deixou de sê-lo? Devemos considerar verdadeiro, conforme observou Heráclito, que um homem não pode se banhar duas vezes no mesmo rio, pois na segunda vez já não se trata do mesmo homem nem do mesmo rio? E se alguém construísse um outro barco com todas as tábuas originais, qual deles seria o de Teseu? Essas perguntas serviram, desde então, para esboçar os limites vagos da identidade e da memória. Como é possível que persistam em um substrato que se desfaz?

A CRIATIVIDADE COMEÇA NA MEMÓRIA

Em *Crònicas del Ángel Gris* [Crônicas do Anjo Cinza], Alejandro Dolina conta que esse anjo medíocre, capaz de operar apenas milagres muito humildes, certo dia avisou um farmacêutico de que sua morte ocorreria numa sexta-feira. O farmacêutico acolheu alegremente o presságio: nos "dias de imortalidade" corria todo tipo de riscos e às sextas tomava precauções extremas. Mas então aconteceu o seguinte: "Toda quinta ele visitava seus amigos e parentes para se despedir. Na sexta, surtava e suplicava, aos gritos, por clemência. No sábado enchia a cara para festejar sua boa sorte. As coisas foram degringolando. Herrera teve de fechar a farmácia, caiu na miséria e conquistou a merecida reputação de maluco. Suicidou-se numa terça, para aprovação dos que sustentam a doutrina do livre-arbítrio. Os Refutadores de Lendas pretendem demonstrar a inexistência do Anjo Cinza com essa história, que mal chega a demonstrar sua ineficácia". Esta anedota ilustra um erro típico: refutar um princípio com base num fracasso pontual. E assim, na raiz do tédio causado pelos maus estudos baseados na memorização, muitos concluíram equivocadamente que o ensino, com o perdão da redundância, deveria esquecê-la. É que já faz um bom tempo que a memória perdeu seu prestígio; perdeu a *batalha* ao ser confrontada no mundo do ensino com a criatividade. Mas existe criatividade sem memória ou memória sem criatividade? Argumentarei aqui que não, introduzindo uma visão distinta da memória. Menos rígida, mais parecida com a pintura, o desenho, a poesia. Em vez de desenhar sobre uma tela, todos nós pintamos em nosso próprio cérebro.

As musas e a memória

A ligação entre memória e criatividade não é novidade, mas costumamos ignorar isso. Com alguns exemplos, veremos como essa ideia viaja das fundações de nossa cultura até os dias de hoje.
Na mitologia grega, a memória era personificada em Mnemósine, filha de Gaia, a Terra. Faz sentido, porque a memória tem início na própria origem da existência. Mnemósine é mãe das musas, essas deidades a quem gregos e romanos recorriam em busca de inspiração. A maior musa de todas é Calíope, a deusa da poesia

épica, que origina toda narrativa. Significa dizer que, na mitologia grega, a criatividade nasce da memória e esta, por sua vez, da Terra.

Nesse relato onde se entrelaçam a memória e a criatividade também está esboçado seu divórcio, que persiste até nossos dias. As musas são uma figura externa da memória, uma espécie de Wikipédia. A *Odisseia*, de fato, começa com o verso, "Canta para mim, ó Musa, e através de mim, conta a história...". Tempos depois, Platão se refere à figura do poeta Íon como um pedaço de ferro inerte que fica magnetizado ao entrar em contato com a musa e, assim, é capaz de atrair as palavras e, com elas, a alma das pessoas.

A ideia que subjaz a essas metáforas é de que a criação e a inspiração não emanam de nossa memória, e sim que requerem outra substância. Isso seria uma mera curiosidade histórica não fosse o fato de tais noções persistirem vivamente em nossa forma de pensar e sentir a criatividade. Com efeito, parece-nos familiar a imagem de alguém à beira de um rio aguardando pacientemente a chegada da inspiração, o surgimento de uma ideia, como se esperasse o toque da musa ou o sussurro de um anjo. O que os gregos semearam, nós colhemos.

Paul McCartney contou em diversas ocasiões que encontrou a melodia de "Yesterday", uma das composições mais cativantes do século XX, em um sonho.* McCartney não confunde a origem das ideias nem quando aparecem sem aviso no meio da noite. A seu ver, o sonho era a expressão de uma lembrança. A musa estava ali dentro, na memória. Assim, ele saiu a percorrer as lojas

---

* Este não foi o único sonho de McCartney. A música "Let It Be" começa assim: "*When I find myself in times of trouble, Mother Mary comes to me, speaking words of wisdom: let it be*". Esses versos célebres também são resultado de um encontro onírico; nesse caso com a mãe de Paul, Mary, que morreu quando o músico era apenas um adolescente. Quando compôs "Let It Be", McCartney andava angustiado com o conflito latente com John Lennon, e sua mãe apareceu num sonho para lhe assegurar que tudo correria bem.

de discos de Liverpool para tentar encontrar essa melodia que desconfiava ter escutado em algum lugar. Só que ela não existia: havia sido de fato uma criação onírica confeccionada a partir de fragmentos e ideias que flutuavam em sua memória.

Ainda mais sugestiva é a história de "My Sweet Lord", primeira canção de George Harrison após o fim dos Beatles, que se converteu imediatamente em um sucesso fantástico. O problema é que a canção se parecia notavelmente com outra lançada em 1963 pelas Chiffons com o título de "He's So Fine". O caso foi parar nos tribunais e o juiz determinou que, "em termos musicais, as duas canções [eram] praticamente idênticas". Harrison conhecia a canção, mas não a copiara intencionalmente. Tratava-se de um *plágio inconsciente*. Reconhecemos nesse caso célebre a confusão do processo criativo: a melodia emana da memória de Harrison, mas ele sente que é o resultado de uma improvisação criativa, do toque das musas.

Criatividade, o delírio final

Quando estamos a sós, passamos a criar vozes, às vezes muito simples, que comentam conosco sobre as coisas que fizemos ultimamente, sobre o que temos de fazer ou que gostaríamos que houvesse ocorrido de outra forma. Reconhecer que somos os criadores dessas vozes pode parecer simples, mas não é. Sem ir mais além, "esquecemos" de aplicar uma etiqueta apropriada a nossos sonhos e por isso os percebemos de forma tão distinta.

Julian Jaynes, professor de psicologia em Princeton, postulou com base nessa ideia uma das teorias mais provocantes da filosofia da mente. Ele argumenta que, quando Homero se apresenta como instrumento das musas ou quando os protagonistas de suas narrativas escutam e obedecem as vozes dos deuses, não se trata de uma linguagem metafórica. Pelo contrário, Jaynes observou que essa descrição se repete em todas as culturas da época e que portanto revela uma forma fundamentalmente distinta de pensar. Quando Heitor obedece as ordens que Apolo lhe sussurra por intermédio de diferentes personagens, o que vemos, afirma Jaynes, é a mente esquizofrênica em operação. Fazendo uma análise exaustiva de textos antigos — os registros fósseis do pensamento humano —, ele sugere que nossos antepassados habitavam um jardim de esquizofrênicos.

Antes de Homero, as pessoas não se reconheciam como criadoras das próprias vozes e ideias. É o que denominamos *consciência primária* e hoje compreendemos como algo característico da esquizofrenia ou dos sonhos. Isso continuou até uns três mil anos, na Era Axial, quando ocorreu na Índia, na China e no Ocidente uma profunda transformação social. O filósofo alemão Karl Jaspers descreve essa época em que emergiram as filosofias, religiões e sociedades fundadoras da cultura moderna como a transição mais abrupta da história. A força motriz por trás de tal mudança foi a invenção da escrita. Graças a esse novo dispositivo, a memória passa a contar com um suporte físico, as histórias deixam de ser deturpadas ao passarem de boca em boca e o pensamento assume uma forma estável. Foi a primeira Wikipédia. O meio escrito possibilitou que as pessoas pudessem *ver* a própria voz vertida para o papel ou para a pedra. Ela ganha desse modo uma entidade própria e, assim, emerge a consciência tal como hoje a identificamos: nós somos os autores das vozes em nossa mente. Mas o antigo modo de pensar deixou uma impressão visível até hoje: a criatividade. Quando alguma ideia surpreendente *surge*, continuamos a percebê-la como se viesse de uma inspiração externa. Esse resíduo do pensamento homérico nos confunde e nos leva a esquecer que a fábrica de ideias, sua matéria-prima, reside num fabuloso emaranhado cinzento enclausurada em um crânio.

As primeiras vezes

As ideias sempre emanam do cérebro. São o resultado da informação que incorporamos ao longo da vida toda. Às vezes, um acontecimento externo dispara uma ideia. Mas, como costuma acontecer, confundimos a mensagem com o mensageiro: esses estímulos externos não trazem a ideia, apenas habilitam sua busca na memória.

Podemos pensar na memória como uma enorme mesa, quase infinita, coberta com peças de Lego de todos os formatos, tamanhos e cores. O exercício criativo consiste em escanear a mesa de maneira eficaz para encontrar peças que se combinem de forma atraente. É essencialmente o que ocorre no sonho de McCartney. Os diferentes elementos de "Yesterday" já estavam em sua memória, nos acordes e melodias que ele havia escutado.

O sonho se mostrou um bom contexto para combinar peças que não costumam se misturar tão graciosamente quando estamos acordados.

As ideias criativas emanam de um processo eficiente de busca no labirinto da memória. Muito bem, mas então como encontramos uma boa ideia, capaz de magnetizar não apenas nós mesmos como também os outros, dentro de uma infinidade de narrativas possíveis? A vantagem de transferir o problema da criatividade para o problema da memória é que surge uma receita simples para uma tarefa complexa: reduzir o espaço de busca para não nos perdermos nem perambularmos indefinidamente pelo abismo.

Questões muito genéricas resultam em paralisia criativa. Por exemplo, se você perguntar a seu filho como foi o dia dele — ou se alguém perguntar a você, dependendo de que lado da história estiver —, ouvirá, com sorte, uma resposta monossilábica. E o mesmo aconteceria se virássemos para alguém em um jantar e pedíssemos de surpresa à pessoa que contasse uma história. Ela se sentiria na mesma hora entre a cruz e a espada, incapaz de pensar em algo para contar, à espera, talvez, de uma musa para livrá-la de seus apuros. No fim, o mais provável é que não conseguisse pensar em nada. Não porque a musa não esteja presente (como costuma ser nossa sensação), e sim porque esse é um modo péssimo de invocar a memória, onde residem desordenadamente todas as histórias que podemos contar.

O quadro muda radicalmente de figura se pedirmos que contem alguma lembrança em um cantinho pontual da memória. Um bom exemplo disso são as histórias sobre as primeiras vezes: o primeiro beijo, a primeira viagem, o primeiro amor. Se fizer esse exercício de perguntar a pessoas pouco conhecidas[*] verá que,

---

[*] Casamentos são uma ocasião ideal para esse experimento.

de repente, como que magnetizados de improviso por Calíope, todos os presentes se convertem em grandes narradores. Agora todos conseguem se conectar à história que carregam dentro de si, relatando arrebatadoramente como deram ou receberam seu primeiro beijo, as circunstâncias que levaram a tal momento, o que aconteceu depois ou como se sentiram. Além disso, o relato costuma apresentar espontaneamente a anatomia de uma história efetiva. Jacobo Bergareche escreveu um livro sobre essa ideia: *Estaciones de regreso* [*Estações de regresso*]. Nele vemos diversas viagens a pontos singulares de sua linha do tempo, com entradas bem sinalizadas na memória a partir das quais parece natural construir uma história. A narrativa que alguém faz de si mesmo assoma à superfície da consciência antes de submergir novamente nesse enredo confuso e contíguo de quase todo o resto de nossos dias.

Outro exemplo de como uma boa deixa aciona a memória e, com ela, a criatividade vem de um experimento onde pedimos a uma pessoa para contar para outra uma história memorável. Secretamente, os ouvintes são instruídos de antemão a acompanhar a história atentamente ou a ignorá-la. Podem olhar o celular, prestar atenção nas outras conversas, interromper com perguntas sem nexo e irrelevantes. Enfim, fazer o que fazemos uma infinidade de vezes no trabalho, em casa ou entre amigos: ignorar olimpicamente alguém que se dirige com fervor a nós.

Descobrimos que a experiência daquele que conta uma história se modifica imensamente segundo a atitude do ouvinte. Tudo muda, incluindo a própria avaliação sobre a história compartilhada. É a maldição dos *likes*. Não julgamos o que escrevemos ou narramos por seu mérito intrínseco, e sim pela intensidade dos aplausos recebidos. O mais notável disso não foi tanto o resultado, que era previsível, mas a magnitude do efeito. A mesma história vai de um êxito sublime a um fracasso estrondoso conforme a atenção dedicada por quem a escuta. Esse é, certamente, outro decisivo obstáculo para a criatividade. O medo de palco é a principal razão para abandonarmos inclinações da infância como desenhar, cantar, brincar ou dançar.

Como nas "primeiras vezes", aqui as pautas também eram essenciais para evocar bons relatos. Com deixas simples, ao estilo de "Uma coisa que aconteceu recentemente e você ficou com vergonha", os participantes criavam narrativas fluidas, por vezes emotivas, extraordinárias; sem essas pautas, paralisia total. Isso se repete nas conversas entre amigos: com os que vemos diariamente, podemos conversar por horas; o assunto surge espontaneamente e não se esgota. Por outro lado, quando estamos na companhia de alguém que não vemos há muito tempo, que precisa ser inteirado de absolutamente tudo, não sabemos nem por onde começar. E acabamos falando sobre como está fazendo frio nessa semana.

O axioma da escolha

Acontece que, nessas conversas, o compartimento de relatos possíveis é tão vasto que não sabemos por onde começar. Vemo-nos diante da falsa sensação de liberdade de uma folha em branco, sobre a qual afirmou Deleuze: "Uma tela não é uma superfície branca, acho que os pintores bem sabem disso. A tela é cheia de clichês".

Essa confusão não é exclusiva do processo criativo, é um problema geral do pensamento. Na hora de tomar uma decisão, o excesso de opções é entendido mais como uma maldição do que uma benção. Exemplos não faltam: infinitas opções na carta de vinhos ou no cardápio; uma loja de roupas com milhões de cores, modelos e preços. Achamos que mais opções é sempre melhor; afinal de contas, podemos descartar as que não nos interessam. Mas acontece que esta virtude aparentemente tão simples não está ao alcance da maioria de nós. Portanto, a maior quantidade de alternativas não nos proporciona mais liberdade; muito pelo contrário, costuma nos paralisar. É a maldição da escolha.

A caricatura desse carma é o asno do filósofo francês Jean Buridan, que morre de inanição por ser incapaz de decidir entre dois fardos de palha exatamente iguais. Certamente, se fosse apenas um, não haveria conflito; mas, como ofereceram a ele dois fardos iguais, em vez de deixar um de lado, ele passa a otimizar o impossível.

Não morreremos de inanição porque o cérebro acaba resolvendo esse impasse injetando correntes de íons ao acaso nos circuitos que codificam cada opção. Mas esse processo é lento e quase sempre ineficaz e não faz mal nenhum ajudar o cérebro a repelir o acaso. Meu colega Jerôme Sackur sempre sai com uma moeda. Sempre que se depara com alguma decisão irrelevante entre alternativas equivalentes, ele a joga. É sua forma de expressar a existência de um impasse e o papel indefectível do acaso. Essa é uma receita clássica para melhorar a tomada de decisões, a fim de não virarmos o asno de Buridan. Uma receita fácil de implementar, que tira de nós o peso e a responsabilidade da decisão e nos poupa tempo.

A maldição da escolha é transversal e crucial para o pensamento. Na verdade, é o núcleo de um conflito central que se encontra no alicerce da lógica e da matemática moderna. Em 1904, o matemático alemão Ernst Zermelo formulou seu *axioma da escolha*, segundo o qual, dada uma série infinita de conjuntos, sempre é possível escolher um elemento em cada um deles. Não parece grande coisa. Por exemplo, podemos escolher o primeiro elemento de cada conjunto, ou o menor. Mas acontece que os conjuntos formados por todas essas coisas que podemos conceber não têm por que estar ordenados de tal maneira que haja um primeiro ou último elemento, ou um à esquerda de outro. Nem precisam seguir uma ordenação por cor, tamanho ou preço. E nesse emaranhado é impossível garantir um processo de busca que sempre funcione, à medida que o conjunto se torna cada vez mais vasto.

O axioma da escolha de Zermelo começa com uma intuição e fica cada vez mais misterioso conforme nos aproximamos de suas implicações lógicas. Vinte anos depois, os matemáticos Stefan Banach e Alfred Tarski demonstraram que, se o axioma fosse válido, seria possível pegar uma esfera, dividi-la em partes e construir com cada uma duas esferas idênticas à original. Essa história é, talvez, o melhor testemunho sobre a dificuldade de escolher em espaços vastos. Levando esse assunto ao limite do infinito, a matemática demonstra que, aí, a escolha é completamente impossível. Caso não fosse, ocorreriam coisas absurdas, como duplicar a matéria. Nossas ideias e escolhas são esquisitas mesmo nos labirintos — também muito intricados — da memória.

A MEMÓRIA COMO EXERCÍCIO CRIATIVO

Os experimentos na conversação, as referências emotivas às nossas primeiras vezes e os sonhos de McCartney mostram que a memória é o combustível da criatividade quando se trata de narrar e conceber histórias. Agora, gostaria de analisar a relação contrária: a criatividade também é o combustível da memória. Assim, vou poder argumentar que a criatividade e a memória são como o *yin* e o *yang*, elementos de um círculo indivisível.

Vamos partir de um contexto em que essa ideia é questionada com mais frequência. No âmbito educativo, é comum o aluno se lamentar: "Por que sou obrigado a aprender o nome dos rios da Ásia se isso nunca vai servir pra nada? O mais provável é que eu vou esquecer tudo em pouco tempo e, além do mais, tem tudo na internet!". Afinal de contas, a memória coletiva reside em alguns discos rígidos flutuando na nuvem (eis aí as musas da nossa época). Não haveria nenhum problema com esse argumento se não ocultasse uma grande falácia. Vamos vê-la em ação: lembramos, em meio a uma tensa reunião, ter lido algo que pode inclinar a negociação a nosso favor. Deveríamos pedir a nosso interlocutor para aguardar alguns minutos para que a gente possa procurar a informação na internet? Nos negócios, na amizade, no amor e na própria vida, a palavra não pode demorar para vir, nem esperar por pesquisas enciclopédicas. A palavra justa é justa porque aparece no momento preciso. Na vida não há botão de pausar, como em *Matrix*, de modo a suspender momentaneamente a realidade para que baixemos um programa que nos permita aprender um idioma ou uma arte marcial.

Aprender quais são os rios da Ásia na escola não tem importância pelo que esse saber significa em si, o relevante é desenvolver as ferramentas para "desenhar" a memória eficientemente e poder assim recuperá-la à vontade e sem esforço: significa, em essência, aprender a pensar; a conectar em uma história coerente o novo conhecimento com nossos conhecimentos prévios. Essa arte da memória dá lugar a um aprendizado profundo, que alguns investigadores modernos da educação situam no extremo oposto do aprendizado passivo: o que permanece desconectado de toda nossa experiência e de nossos conhecimentos adquiridos, como se fossem ilhotas inacessíveis flutuando por lugares perdidos da memória. O conhecimento passivo serve apenas para ser recitado. Não pode ser posto em prática, tampouco visto de outra perspectiva. Um bom exercício consiste em repassar certos domínios do conhecimento — como as matemáticas, a história, a economia, as ciências e, sobretudo, o que acreditamos saber sobre nós mesmos —, e nos perguntarmos quais deles sabemos de maneira profunda e quais de forma passiva. Veremos que os domínios em que identificamos um conhecimento passivo costumam coincidir com os que não concebemos como habilidades naturais. Isso pode ser mudado, embora, é claro, não aconteça de um dia para o outro. É necessário organizar o conhecimento desses domínios em narrativas, buscar sua lógica, sua geometria, um modo de estabelecer conexões.

Por exemplo, para decorar os rios da Ásia convém, além de enxugar a lista, relacioná-los a coisas que lhes deem sentido; descobrir quem vive perto deles, como mudaram a história das regiões que banham, como dividiram os povos que se estabeleceram em suas margens, como se conectam com outros rios, e o que aconteceria se secassem ou fossem poluídos. Ao receberem um contexto, um sentido e uma história, os elementos que compõem essas listas são lembrados com maior facilidade. Convém lembrar, além do mais, que o estudo efetivo dos rios, da tabela periódica, das fases da Revolução Industrial ou da estrutura dos governos parlamentares deveria servir para exercitar a lógica da memória, assim como jogávamos futebol quando éramos crianças não para virarmos jogadores profissionais, e sim para exercitar uma série de aptidões associadas ao esporte, como forma física, velocidade, resistência, coordenação sensório-motora, percepção espacial, estratégia e trabalho em equipe.

Não é o ensino da memória que está em crise, mas a forma particular com que costuma ser ensinado. Faríamos bem em não nos deixarmos levar por essa confusão e cair na tentação preguiçosa de abandonar o trabalho com a memória. Pelo contrário, há poucos exercícios mais pertinentes do que o de ensinar a construir essas estações de regresso a partir das quais podemos evocar e alinhavar o conhecimento. Tais bases, uma vez forjadas, proporcionarão uma autêntica liberdade para escolhermos como povoar a memória.

Essa é minha premissa. Toda liberdade é construída com ferramentas. A liberdade de se expressar precisa do bom uso da linguagem; para nos dedicarmos à pintura, temos de aprimorar os movimentos da mão. Da mesma forma, entre os instrumentos que nos dão liberdade para pensar figuram, bem alto na lista de prioridades, aqueles que nos permitem escrever e ler nossa memória.

A *geometria da memória*

Vamos agora ao argumento central: aprender a escrever a memória é, antes de tudo, um exercício criativo. A melhor forma de explicar esse fenômeno é observando como as pessoas dotadas de memória prodigiosa configuram suas recordações. Quanto maior o compartimento, mais coisas são lembradas. Mas toda a ciência da memória — que percorreu um longo caminho — mostra que as coisas não funcionam assim. Os grandes mnemônicos não dispõem de compartimentos maiores; apenas são melhores em encontrar modos engenhosos e criativos de armazenar suas memórias e boas rotas para chegar a elas. Graças a uma boa imaginação, é possível estabelecer associações, relações e pontes que, por sua vez, permitem-nos forjar uma memória mais efetiva.

Como a mesmíssima Mnemósine, essa ideia remonta aos gregos antigos e ao "palácio da memória" do poeta grego Simônides de Ceos. A história conta que o poeta deixou um jantar para contemplar o céu e, nesse instante, o palácio desmoronou. Em meio às ruínas, durante a dramática situação de reconhecimento das vítimas, Simônides percebeu, assombrado, que lembrava detalhadamente o lugar ocupado por cada comensal. Ele podia reconstruir a imagem perfeitamente. Assim, descobriu o seguinte paradoxo: lembrar de uma lista de nomes é impossível, enquanto lembrar de algo maior — não só cada convidado, como também o lugar preciso que ocupavam à mesa — é bem mais simples. Dessa experiência Simônides deduziu uma regra geral: o espaço é o terreno natural da memória.

Isso é verdade para indivíduos das culturas mais diversas, em qualquer lugar do planeta; para crianças e adultos, bem como para uma grande quantidade de espécies do reino animal. Até a invenção da palavra — quase um mero instante no contexto da história da vida — o espaço era a retícula da memória. A ideia do palácio da memória é utilizar esse bastidor natural para organizar qualquer lembrança, por mais abstrata que seja, mesmo que a priori ela não guarde relação alguma com o espaço em si. Tal operação exige um trabalho arquitetônico imaginativo, como o dos engenheiros de sonhos criados por Nolan em *A origem*.

A primeira coisa é construir um palácio mental com compartimentos distintos perfeitamente identificados e fáceis de procurar mentalmente; muitos escolhem para isso o próprio lar. Este será o depósito de qualquer lista de palavras. Vamos supor, por exemplo, que a intenção seja memorizar: *girafa, framboesa, formão, dinamite, bolero, tiramisu, calculadora...* A técnica de Simônides consiste em "inserir" cada elemento da lista num ambiente do palácio. Imaginemos uma girafa no primeiro cômodo; digamos, o saguão de entrada da casa. Quanto mais forte, emotiva, vívida e até escatológica for a imagem, melhor funciona a ferramenta. A girafa contorcida e meio espremida nesse quarto diminuto pelo qual ainda teremos de passar esfregando a cara no vão mínimo que resta entre a parede e seu traseiro. Eis aí uma imagem gravada. Continuamos percorrendo o palácio e à direita, no segundo cômodo — vamos supor que seja um banheiro —, notamos um líquido derramado no espelho. Parece sangue mas, ao lambê-lo, sentimos o sabor inconfundível da framboesa. Assim, os elementos desconexos que compunham a lista se organizam de repente na arquitetura do espaço. Praticando essa técnica, todo mundo pode ampliar muito a quantidade de palavras que consegue lembrar.

É como fazer uma colagem cubista com imagens fortes para gravar uma lista de nomes. A memória não é construída com esforços recorrentes, repetindo palavras ao infinito, fazendo sulcos profundos no cérebro: a memória é construída, essencialmente, com criatividade.

O palácio da memória não é o único procedimento para organizar palavras, lembranças ou ideias desconexas. Em geral, a técnica para organizar a memória consiste em unir uma série de elementos atomizados dentro de um relato. Trata-se de algo habitual em qualquer regra de técnica mnemônica. Por exemplo, as quatro bases do código genético são identificadas com as letras A, T, C e G. Essas letras não têm relação entre si, e às vezes confundem. Para memorizá-las com mais facilidade, em Buenos Aires usamos as iniciais de Aníbal Troilo e Carlos Gardel, nomes de duas grandes figuras do tango. Certamente cada cultura encontra uma maneira própria de transformar essas letras numa narrativa. Na verdade, é um bom exercício envolvendo a criatividade e a memória. Para sermos mais precisos, a efetividade do exercício não reside na aplicação da regra e sim em aprender a criá-la encontrando bons exemplos para qualquer coisa que precisemos memorizar.

Podemos "visualizar" essa ideia na ilustração a seguir, pensando nos dois objetos dos painéis superiores como listas em que cada segmento representa um elemento que queremos recordar. Nos painéis inferiores, as "listas" estão misturadas ao acúmulo de outras informações. Ao situarmos esses objetos contra o ruído de fundo se produz uma diferença substancial, quase mágica. Vemos o da direita automaticamente, sem esforço; quase dá para dizer que é impossível passar batido por ele. Para detectar o da esquerda, por outro lado, é necessário fazer um esforço imenso e, no momento que identificamos algumas de suas partes, o resto some. Como veremos, a lógica da memória não é muito diferente da que rege a percepção. O objeto da esquerda ilustra o conhecimento passivo, as coisas que lembramos com enorme esforço e que não guardam nenhum tipo de relação entre si. Na lista da direita, porém, cada segmento se concatena natural e geometricamente ao seguinte. A arte da memória consiste em organizar e dar coerência aos fragmentos do conhecimento, seja em uma história, seja em uma imagem: trata-se de mover, deslocar e girar as coisas que queremos assimilar para que adquiram continuidade lógica e possam ser lembradas de forma automática no meio do barulho. Quem realmente entende a tabela periódica, os logaritmos, a Revolução Francesa ou a gramática de sua língua, entende assim. Como se saltassem à vista.

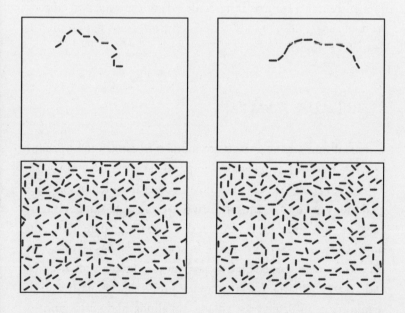

Essas são caricaturas da arte da memória. Em geral, a forma de conectar o conhecimento adquirido é muito mais complexa. Mas a ideia subjacente é a mesma: construir uma história com sentido para vincular o conhecimento novo a tudo que já sabemos. Assim, a memória se torna mais criativa e o aprendizado mais profundo.

No restante do capítulo, vamos ver que a linha da nossa vida forma uma espécie de tronco ao qual cada uma de nossas experiências e conhecimentos se agregam progressivamente, como galhos na árvore da memória. Essa trama vai sendo construída com pinceladas de ficção que proporcionam coerência. Por isso, as lembranças são cheias de ilusões. Como afirmado acima: a arte da memória não é tão diferente da arte da pintura. Aqui há uma grande oportunidade de moldar a história que nos contamos. Um mesmo fato da realidade pode integrar-se a histórias muito diferentes que alteram nossas vivências e predisposições para enfrentar o futuro. Trata-se de *adquirirmos um aprendizado profundo sobre nós mesmos*, de nos convertermos em arquitetos de nossa memória.

A ORIGEM DAS PALAVRAS

Nos últimos anos entrou em moda o *freestyle*, uma variante na longa tradição de *payadores*, repentistas e demais improvisadores. Nos cursos dessas disciplinas, começamos lembrando que qualquer conversa é um fantástico exercício de improvisação. Salvo pouquíssimas exceções, um discurso nunca é memorizado. Improvisamos constantemente, buscando relações e tramas no palácio da memória. Além do mais, tudo acontece a uma velocidade extraordinária. Cada palavra é produzida numa fração de segundo e, conforme é articulada, vai alinhavando as seguintes. Talvez o mais surpreendente seja que todo esse processo acontece como se não houvesse nada no cérebro trabalhando para que isso ocorra. Não percebemos nem o mínimo esforço. Por isso não nos assombra essa forma de improvisação tão mundana e, ao mesmo tempo, tão sofisticada, da qual somos todos mestres, que custemos a apreciar o *milagre* da linguagem. Nossa tarefa, a tarefa da ciência, é desfazer o milagre e conservar o assombro. Para isso, é preciso levá-los a lugares como estes:

> 1. *Há quem prefira cholocate a cerveja.*
> 2. *Você leu errado pelo menos uma das palavras na 1.*
> 3. *Também leu mal na 2.*
> 4. *Sim, leu mal. Procure direito.*
> 6. *Você sorriu.*
> 7. *Mas não viu que pulamos a 5.*
> 8. *Também leu mal a 7.*
> 9. *Mentira, leu direito.*
> 10. *Do um ao dez, quão bem você acha que lê?*

As engrenagens da memória e da linguagem ganham visibilidade com as falhas, como no exemplo que lemos acima, nos balbucios infantis ou em palavras que estão "na ponta da língua", tema ao qual Roger Brown e David McNeill dedicaram um amplo estudo intitulado, sem rodeios, O *fenômeno da ponta da língua*. O trabalho, realizado em Harvard em 1965, tem o mérito dos esforços pioneiros e estabeleceu uma forma objetiva de medir um fenômeno que todos experimentamos e sobre o qual temos intuições infundadas.

No experimento, Brown e McNeill elencaram algumas definições raras, de uso pouco frequente, e pediram a uma série de pessoas para assinalarem a que palavras elas correspondiam. Em cerca de 15% das ocasiões, os participantes tiveram a clara sensação de conhecer a palavra, mas não conseguiram dizer qual era. Conheciam algumas letras que a compunham e, inclusive, quantas sílabas ela tinha ou onde ficava o acento — como se guardassem uma vaga recordação de seu contorno fonológico —, mas não conseguiam dizê-la.

As vicissitudes das palavras na ponta da língua são um assunto por si só e suscitam milhares de perguntas recorrentes: por que esquecemos alguns nomes? Qual o papel da idade na evolução do fenômeno? Acontece em todas as línguas? A música ajuda na evocação? Vale a pena esperar até que a palavra que queremos lembrar apareça sozinha? As drogas psicoativas fomentam o desencontro ou ajudam a recuperar o termo perdido? As palavras na ponta da língua têm algo a ver com o Alzheimer? Enfim, existe até um estudo onde Julia Simner e Jamie Ward mostram que indivíduos sinestésicos percebem um sabor quando pensam em uma palavra, eles experimentam a sensação até quando ela está na ponta da língua.

De forma deliberada, salto quase quarenta anos de investigação e caio, direto, em um estudo feito pelos psicólogos Trevor Harley e Helen Brown, no qual se perguntavam por que algumas palavras são mais propensas que outras a ficarem na ponta da língua. Entre um vasto conjunto de definições, descobriram que as que mais habitam esse limbo são as utilizadas com menos frequência, tanto na linguagem que produzimos quanto na que escutamos. Também costumam ser palavras longas ou difíceis de pronunciar.

Minha avó — que, aos cento e dois anos,[*] tem, a propósito, uma memória extraordinária — diz o nome de todos os seus ne-

---

[*] Eram cem quando escrevi esta frase pela primeira vez, serão cento e três quando este livro for publicado.

tos antes de acertar. O negócio é tão caprichoso que, se tentasse ao acaso, acertaria antes. Parece que as palavras mais difíceis de evocar são as que estão camufladas por termos similares, como acontece com minha avó ao confundir o nome dos netos. Confundir palavras, entretanto, não é a mesma coisa que tê-las na ponta da língua. Não é que minha avó seja incapaz de dizer o meu nome, e sim que passam pela "peneira" outros nomes de uma lista memorizada, sabe-se lá com que geometria, em algum cantinho de seu cérebro. Harvey e Brown provaram a hipótese contrária à da camuflagem: as palavras mais difíceis de encontrar são as que menos rimam, ou as menos aparentadas foneticamente com outras palavras.

Eles demonstraram assim que os fragmentos usados para guardar uma palavra na memória são os mesmos que depois utilizamos para recuperá-la. Vejamos agora a origem desse ciclo recorrente, as primeiras palavras que gravamos e pronunciamos. Como elas organizam a estrutura total de nossas memórias?

A flecha do tempo

Para entender a estrutura de um edifício, é útil ver as fotos do começo da obra. Da mesma forma, observar o pensamento infantil é um bom modo de revelar os mistérios de nossa mente. A metáfora arquitetônica expõe a dificuldade do programa. É fácil programar uma câmera para tirar uma foto a cada quinze minutos e registrar assim o crescimento de um edifício. Por outro lado, visualizar o desenvolvimento de ideias no curso de uma vida pressupõe um projeto mais sofisticado e cuidadoso.

O fotógrafo argentino Diego Goldberg se propôs a registrar imagens da "construção" de sua vida em um projeto intitulado "A flecha do tempo". Há quarenta anos, os membros de sua família se reúnem todo dia 17 de junho: ocupando as mesmas cadeiras, eles compõe o mesmo quadro antes de tirarem a foto. Mas alguma coisa mudou: as expressões, a linguagem corporal, as marcas do ano que passou.

Nos arredores do MIT Media Lab, Deb Roy projetou uma espécie de panóptico para gravar o desenvolvimento de seu primogênito em cada momento de sua vida. Ele encheu a casa de câmeras e microfones para registrar cada palavra e movimento do pequenino: os primeiros passos, a primeira risada. Entre uma pilha de discos rígidos e com certa engenhosidade de programação, ele conseguiu identificar o momento e o lugar preciso do nascimento de cada palavra.

Como sempre acontece em um observatório — especialmente quando quem é observado não tem como expressar consentimento —, a ética do experimento é questionável. O dilema ético acarretado pela situação é complexo e seus limites são sempre vagos, já que toda experiência infantil constitui, em si mesma, um ensaio. Tive a infinita sorte de compartilhar um palco de TED com Judit Polgar, a enxadrista mais extraordinária de todos os tempos e um dos casos mais emblemáticos de criança prodígio. Ela começou a falar assim: "Meus pais decidiram que eu seria uma gênia antes de eu nascer". É um depoimento impressionante sobre as forças culturais, afetivas e familiares que operam nas fronteiras da condição humana e evidencia em essência que somos todos, inevitavelmente, resultado de um experimento inédito.

Voltemos ao "panóptico" de Deb Roy. Muitos anos depois, e com toda a experiência proporcionada pela história desses experimentos, ele foi minuciosamente revisado por um comitê de ética. Afinal de contas, o uso de câmeras fixas é bem menos impróprio do que os celulares com que todos nós, pais e mães, vivemos tirando saraivadas de fotos em momentos que deveriam ser mais íntimos. Alguns exemplos claros disso são os primeiros abraços ou as primeiras risadas. Justamente os momentos em que deveríamos estar mais presentes, sem interrompê-los com uma câmera. Deb Roy, por sua vez, usou todo o tempo de que dispunha para fazer os registros e depois editou as imagens mais relevantes, o que fez com que pudesse manter cem por cento da atenção em seu filho. É errado?

Desde o primeiro dia de vida, os microfones instalados registram uma orquestra de expressões vocais que, pouco a pouco, vão ficando mais sofisticadas: choros, risadas, gritos, sílabas, palavras, frases. As primeiras palavras que pronuncia são, certamente, as que mais escuta. A repetição ajuda a fixar. E o fato de serem palavras foneticamente simples contribui ainda mais para sua retenção; é, de certo modo, um aprendizado histórico e cultural. As línguas costumam dispor de termos simples para aludir ao que se aprende primeiro. As palavras simples contam com outra grande virtude: surgem sempre em momentos e lugares precisos, o que facilita a fixação e torna-as o alicerce do palácio da memória; por exemplo, as palavras que se referem a comida são pronunciadas apenas na cozinha. Com as preposições ocorre justamente o contrário: aparecem com muita frequência na linguagem, mas distribuem-se homogeneamente no tempo e no espaço.* Todas essas descobertas já eram bem conhecidas. Sem dúvida, as novas tecnologias permitem a formulação de uma infinidade de novas perguntas. As câmeras e os microfones captam o crescimento do bebê, mas também captam a mãe, o pai, a babá... Como essas pessoas acompanham alguém que está aprendendo suas primeiras palavras?

A pesquisa de Roy mostra que, no período em que uma criança aprende uma palavra, o entorno de adultos a separa de outros termos que possam camuflá-la. Por exemplo, a palavra água pode aparecer em frases longas como "você pode me passar a água, que está do outro lado da mesa, por favor?", mas quando uma criança se encontra em pleno processo de aprendizado, seu entorno se limita a pronunciá-la isoladamente ou, em todo caso, acompanhada de uma única palavra a mais, como "quer água?", "bebe água" ou "água quente".

---

* Em francês, sonhamos *de* pássaros, em espanhol, sonhamos *com* pássaros, em italiano, sonhamos pássaros. Por mais similares que sejam as origens das preposições, seu uso varia enormemente conforme a língua. Para aprendê-las, precisamos estudar muito tempo. Ou durante muito tempo. Ou por muito tempo.

Quem nasceu primeiro, o ovo ou a galinha? O bebê aprende a palavra porque os adultos a separam de todos os outros termos ou são os adultos que aprendem a ensinar? Talvez as duas respostas estejam corretas, e este seja um dos muitos exemplos de aprendizado simultâneo. Existe certo virtuosismo criativo (mais uma vez!) na hora de fixar uma palavra na memória. Protegê-la da degradação produzida pelas palavras contíguas, entender que o silêncio que se segue a um som é necessário para que este adquira identidade. Fundo e forma, ressaltar, subtrair. É assim, graças a essa carícia verbal de nossos pais, que todos aprendemos a falar. Veremos de que maneira cada uma dessas palavras se torna, por sua vez, o andaime da memória.

De um lado e de outro

Quando nos mudamos para a Espanha, nossos filhos tinham quatro e seis anos. A história é circular. Aos quatro anos, eu também me mudei para a Espanha, com meu irmão de seis. Há um mar de semelhanças e outro de diferenças entre essas duas histórias que vivi de perspectivas tão distintas. Passei a infância em Barcelona; a adolescência, em Buenos Aires. Minha juventude transcorreu entre Nova York e Paris e depois voltei à Argentina, ao bairro de Villa Crespo, onde meus filhos nasceram, cresceram e formaram suas primeiras palavras, até o dia em que lhes dissemos que estávamos de partida para Madri, onde teriam uma nova escola, uma nova casa, uma vida que começaria do outro lado do Atlântico.

Nos meses anteriores à mudança contei a eles, entusiasmado, sobre todas as coisas novas e tentadoras que encontraríamos. Foi assim até minha mãe me fazer perceber algo que me escapara e que agora está na essência do que escrevo: em vez de focar as diferenças — boas ou ruins —, deveria me concentrar no que não muda; esse amontoado de coisas que eu pressupunha como evidente, mas que, da perspectiva dos meus filhos, não era tanto assim. Para uma criança pequena, atravessar o oceano é como ir a Marte. Contar, por mais óbvio que pareça, que no novo lugar também há árvores e carros, elevadores e sorvetes, transportes coletivos, maçanetas, bife à milanesa, risadas, filmes, luzes, raviólí, parques e brincadeiras, livros e amigos.* E, claro, nós estaríamos lá, como sempre estivemos. Não íamos para Marte. Essa trama de elementos inalteráveis que cria uma sensação de continuidade onde se amalgamam o passado e o futuro. Assim vai se formando a memória, como um traço contínuo na narrativa que fazemos sobre nós mesmos, como o barco de Teseu, que muda o tempo todo sem nunca deixar de ser o mesmo.

---

* Aqui a brincadeira não é memorizar a lista, mas elaborar uma própria. Quais são os primeiros vinte itens em sua lista de coisas essenciais que, para onde quer que você mude, nunca mudam?

Quando emigrei na infância, a viagem foi bem diferente. O exílio foi rápido, urgente, sem tempo para contemplações. Em pleno tumulto, mamãe nos explicou uma infinidade de coisas. Não lembro de nenhuma, mas sei que foi uma viagem cheia de medo e dúvidas, ao final da qual não sabíamos se meu pai, que partira meses antes, estaria à nossa espera. Ele estava. O voo atrasou quase um dia e houve escalas soporíferas. Segundo nos contaram mais tarde, meu irmão e eu fizemos um boicote e nos recusamos a continuar. Por que estávamos deixando a terra firme onde moramos por quatro anos? Da vida que começou e terminou nos bairros de Buenos Aires, esqueci tudo. Há fotos, histórias, nomes e até cachorros. Todas essas coisas são lembranças de uma terceira pessoa. Essa viagem fragmentou minha memória de tal maneira que os acontecimentos dos dois lados do oceano permaneceram desconectados.

Minha primeira lembrança é do dia em que chegamos à casa de Barcelona. Meu pai montara para nós uma pista de corrida de motos de brinquedo que saíam em disparada e ficavam magicamente suspensas de cabeça para baixo em uma volta dupla mortal. Esse é o ponto de partida da minha memória autobiográfica. Nesse lugar e nessa época, começam a se atar e encadear as histórias que constituem minha vida. Antes disso há um grande vazio, um espaço repleto de relatos alheios, de lembranças coletivas. Eu era outro. Quase todos temos uma história simples assim; alguns, uma história muito mais glamourosa ou escatológica.*

---

* Em 2011, Louis C. K. descreveu da seguinte maneira sua memória mais tenra para o público no Beacon Theatre: "Até onde chegam minhas lembranças? [...] Eu tinha quatro anos. Estava na frente da casa dos meus pais, cagando na calça. Dando um cagadão, imenso, muito dolorido. Eu estava bem na metade. Essa é minha primeira lembrança, estar na metade do caminho... A primeira metade da defecada eu não lembro. Foi parar no éter da infância. Mas o centro dessa

Penso em meus experimentos sobre a memória, as decisões, o aprendizado ou as emoções como uma forma de indagar a respeito da condição humana. Mas acho que, na verdade, os realizo para investigar assuntos que afetam minha própria vida. Eu transformei as perguntas que todo mundo faz a si mesmo em um trabalho. Em retrospecto, essa tem sido a linha comum da minha pesquisa. Nela, aparecem aquelas coisas que tenho mais dificuldade de resolver, as que mais me magoam ou perturbam; quero trabalhá-las para encontrar uma versão melhor de mim mesmo. O que pesquisei e estudei sobre as primeiras memórias me ajudou a compreender e construir a narrativa da minha vida, a definir quem sou. Acho que é uma ferramenta formidável para quem quiser moldar sua própria história. É com esse espírito que escrevo este livro.

A amnésia infantil

Há muitas maneiras de identificar a lembrança a partir do momento em que o novelo da memória se desenrola. Em geral, costuma ser entre os três e os quatro anos. A data exata varia, mas é extremamente raro não termos uma única lembrança dos seis primeiros anos ou de termos alguma dos primeiros meses de vida. É um paradoxo formidável, pois não existe momento mais transformador e decisivo para nossa identidade.

Nos primeiros meses de vida, descobrimos o universo; as coisas, as pessoas e até nós mesmos. O cérebro, que pesa cerca de trezentos e cinquenta gramas quando nascemos, multiplica

defecada era tão amplo que efetivamente me pôs *online* como consequência da dor anal que eu sentia. Ela me despertou para o fluxo de consciência que estou experimentando agora. Assim começou minha vida. É isso que sou".

suas conexões até seu peso inicial triplicar em três anos. Esse é o paradoxo, já que a maioria dos adultos não possui uma única recordação desses anos nos quais se produziu a revolução mental e cerebral que os constituiu enquanto indivíduos.

Freud elaborou uma tese fundamental com esse paradoxo e a nomeou: amnésia infantil, que hoje, após tantos anos de ciência acumulados, explica-se com base em dois princípios correlacionados. O primeiro é a transição entre sistemas de memória diferentes, algo parecido ao que aconteceu quando nós que já passamos da casa dos quarenta demos o salto para o mundo digital e perdemos as fotos tiradas com câmeras analógicas, ou os vestígios fósseis que restaram do Myspace e os que restarão do Instagram quando essa plataforma se tornar obsoleta no futuro.

O segundo é que a memória autobiográfica precisa do andaime da palavra e só adquire um sentido verdadeiro quando podemos e queremos contá-la para os outros. Há um momento da infância em que começamos a compartilhar espontaneamente nossas vivências. Contamos algumas coisas e escondemos outras. É o início de um processo de edição no qual cada um começa a construir seu próprio personagem. Então se consolida o conceito de si mesmo, a autoconsciência. E, a partir daí, a memória encontra um palácio no qual todas as memórias são organizadas.

O modo mais simples de investigar as primeiras lembranças é com perguntas. Foi o que Freud fez com seus pacientes, e o que continua sendo feito hoje com muito mais gente. Essas lembranças costumam ser bem estereotipadas; as mais comuns incluem brincadeiras de infância (como no meu caso), a casa onde crescemos, sustos, sonhos, viagens, férias, nascimentos.

É uma foto da memória infantil vista da perspectiva de um adulto e, portanto, cheia de edições e distorções. Por isso, para capturar com precisão quando as primeiras recordações são formadas, precisamos voltar à infância. Além do mais, é necessário especificar a que memória nos referimos, porque saber andar de bicicleta é bem diferente de saber o dia do nosso aniversário ou que não gostamos de toranja. Não esquecemos nenhuma dessas três coisas e, portanto, elas formam parte da memória, mas são tipos diferentes de lembrança. O neurobiólogo Larry Squire delimitou essa taxonomia com uma primeira grande subdivisão entre a memória implícita e a explícita. A memória implícita é o agregado de um amontoado de conhecimentos inconscientes que forjam nosso comportamento: por exemplo, andar de bicicleta, aprender a manter o equilíbrio, a respirar e a amamentar. Cada uma dessas coisas se aprende sem que saibamos explicar como. Elas são construídas a partir de lembranças perceptuais e motoras que acumulamos desde o primeiro dia de vida ou que são parte, inclusive, da bagagem da nossa espécie.

A memória explícita, na qual se encontra o dia nosso aniversário, é consciente, por outro lado. São as coisas que sabemos já ter aprendido e que somos capazes contar. A pergunta sobre a primeira lembrança se refere, portanto, a uma memória de natureza explícita que podemos contar aos outros e que constitui parte de nossa narrativa consciente.

A memória explícita se divide, por sua vez, em duas grandes categorias. A *semântica* e a *episódica*. A semântica é toda a informação factual de que dispomos: quem é quem em nossa família; em qual continente fica o Canadá; a chuva vem das nuvens. A memória *episódica* registra o que acontece em momentos e lugares precisos. Por exemplo, a lembrança de uma viagem, de um presente, de um beijo. As primeiras vezes, às quais se refere Jacobo Bergareche, são exemplos arquetípicos de memórias episódicas. A memória episódica e a semântica são muito interligadas. O neurocientista Endel Tulving sugere que, para diferenciar as duas, basta pensar como as percebemos: as semânticas dão a "sensação de conhecer" e as episódicas, a "sensação de lembrar".

O psicólogo Andrew Meltzoff demonstrou que um bebê de seis meses já é capaz de formar lembranças episódicas; o que ainda não desenvolveu são as capacidades que permitem a essas recordações serem duradouras. A primeira é a capacidade de dispor de um relato autobiográfico ao qual anexar esse episódio. Quando as crianças começam a falar sobre si mesmas, elas empregam expressões genéricas como *bebê*, pronomes errados ou construções linguísticas impessoais. Só com o tempo a identidade se expressa claramente, mediante o uso de pronomes pessoais e possessivos como *eu* e *meu*. Só então as crianças começam a formar lembranças precisas e duradouras. A segunda capacidade é a linguagem: a primeira lembrança associada a um conceito forma-se aproximadamente um ano após termos adquirido a palavra que o designa. Ou seja, as palavras são o substrato que estabiliza as lembranças. As lembranças dos primeiros meses são inconsistentes e desaparecem relativamente rápido, relegadas ao cemitério mnemônico da amnésia infantil, um barco avariado e sem rumo privado das âncoras da palavra e do conceito de identidade.

Nos computadores, curiosamente, a pasta principal também alude à identidade. Ela costuma se chamar "Meu computador" ou recebe o nome do usuário. Dentro dela figuram outras pastas com elementos distintos da identidade: fotos, vídeos, textos, documentos. Usuários que conservam essa estrutura costumam encontrar seus arquivos. Os que, como eu, guardam tudo em uma área de trabalho abarrotada, costumam sofrer de amnésia eletrônica e perdem suas lembranças digitais, que passam a ser arquivos "na ponta da língua": estão em algum lugar do oceano mnemônico, mas não há maneira de evocá-los.

Vimos que a memória é construída mediante um processo criativo no qual as lembranças vão sendo alinhavadas: é como pintar um quadro no palácio da memória ou escrever o romance do relato autobiográfico. Por isso a linguagem proporciona um substrato duradouro às lembranças episódicas. Ela as conecta a uma trama contínua, que compõe a história que contamos a nosso próprio respeito. Aí se forja a identidade, como aconteceu quando concluí, depois de me sentir mal durante uma corrida, que não nasci para o esporte. A lembrança do enjoo era real; o resto, uma história. Vamos continuar por este caminho para ver como o relato autobiográfico se funde na ficção. Embora isso diminua a precisão das lembranças, proporciona-nos ao mesmo tempo uma poderosa ferramenta.

ILUSÕES DA MEMÓRIA

Quando se trata de rememorar as primeiras lembranças, sempre tem alguém que jura se lembrar de algo excepcionalmente precoce. Existem aqueles que evocam lembranças uterinas ou pertencentes a algum momento anterior ao próprio nascimento. Por mais disparatada que pareça a ideia, se prescindimos do elemento *declarativo* da memória, ela parece fazer algum sentido. Desde o dia em que nascemos, há lugar para as memórias implícitas que estão codificadas nos genes.

O genoma é um vasto arquivo de informação aprendida mediante mutações, seleções e adaptações. Essa bagagem genética que regula o maquinário celular também põe em marcha o pensamento desde o primeiro dia. Ainda que pareça surpreendente, um bebê nasce com rudimentos de matemática, moral e relações sociais. Nas últimas décadas, um grupo de cientistas demonstrou de sobra essa memória genética que configura e alicerça o pensamento. A ideia do cérebro como tabula rasa, paradigmática por centenas de anos, foi por água abaixo.* A psicóloga de Harvard Susan Carey capturou essa fantástica mudança de paradigma em seu livro *The Origin of Concepts* [A origem dos conceitos], que começa apresentando as diferentes formas de indagação da mente infantil. A mais efetiva vem da capacidade expressiva do olhar. Fixamos os olhos — agora e quando éramos bebês — às coisas que nos surpreendem e disparam o sistema de atenção. Assim, olhando nos olhos que nos observam, são desveladas progressivamente as camadas do que os bebês conhecem e não conhecem. Liz Spelke e Veronique Izard, por exemplo, mostraram a um grupo de recém-nascidos uma série de imagens: três cães, três quadrados vermelhos, três círculos grandes, três palitos pequenos... Após mostrarem essa série, ofereceram aos bebês duas opções: uma ilustração com três figuras e outra com quatro. Os bebês olharam com muito mais atenção para a que tinha quatro, algo que não se explica simplesmente por uma preferência por imagens com maior número de objetos. Esses experimentos também incluem o caso inverso: longas sequências de quatro objetos. A seguir é apresentada a opção entre três e quatro e os bebês olham mais para a de três. Até um conceito tão abstrato como cardinalidade é acessível para o cérebro de um recém-nascido.

---

* Deleuze teria feito a festa.

A máquina que constrói a realidade

Assim como observar os olhos de um bebê é a melhor forma de compreender como ele pensa, a pior consiste em lembrar como pensávamos quando éramos crianças. Já vimos o motivo: a amnésia infantil. O relato adulto está distorcido por inexoráveis esquecimentos e edições. Em *Conversando com Jean Piaget*, o célebre pensador da psicologia infantil explica isso com a seguinte história: "Eu estava sentado em meu carrinho, sendo empurrado por minha babá nos Campos Elísios de Paris, próximo à entrada do metrô, quando um sujeito tentou me raptar. A correia de couro que me prendia na altura dos quadris me segurou, enquanto a babá tentava enfrentar o homem corajosamente. Eles começaram a brigar e o agressor a arranhou na testa, e até hoje consigo distinguir vagamente as marcas em seu rosto. Uma multidão se reuniu ao redor em pouco tempo, e apareceu um policial com uma farda curta e um cassetete branco. Ainda consigo ver a cena inteira e o lugar onde ela aconteceu". Parece ser o relato de uma incrível memória autobiográfica, exceto que o próprio Piaget aponta um problema: "Quando eu tinha uns quinze anos, meus pais receberam uma carta de minha antiga babá. [...] Ela tinha inventado toda a história do sequestro. Imagino que, desde pequeno, eu ouvia o relato desse episódio no qual meus pais acreditavam cegamente, e o projetei sobre o passado na forma de memória visual".

Como já vimos no primeiro capítulo, o cérebro mistura ficção e realidade sem nos darmos conta. E isso ocorre em todos os domínios do pensamento, não só com a memória. Descobri isso quando vivia em Nova York, graças a um experimento de Anne Treisman. Por um tempo extremamente breve, aparece em uma tela um triângulo branco de um lado e uma mancha amarela do outro. As pessoas, em vez de descrever o que viram, relatam algo bem mais simples: afirmam ter visto um triângulo amarelo que em nenhum momento surgiu na tela. A percepção, como a memória, parece mais um relato que um retrato; é mais pintura que fotografia.

Quando os dados são escassos, o cérebro constrói a explicação mais simples e compatível com essa informação, compondo uma história. Esse mecanismo de inferência inconsciente está no coração das ilusões visuais. Por exemplo, no tabuleiro de xadrez da ilustração a seguir, a cor das casas A e B é idêntica. Na verdade, ainda que pareça impossível, as casas da ilustração à direita têm a mesma tonalidade que as da esquerda. Mostro aqui as casas fora de contexto para você perceber que de fato são iguais. O leitor cético pode verificar isso cobrindo a imagem da direita com uma folha de papel, de forma que se vejam apenas as casas indicadas.

O cérebro inconsciente faz um exercício lógico impecável. Como a casa B está na sombra, ele deduz que a verdadeira luminosidade desse ponto é maior que a registrada pelo olho. E é assim que percebemos. Não vemos a luz que impacta a retina, apenas o resultado de cálculos complexos e sofisticados feitos pelo cérebro.

O mais curioso dessas ilusões — como também acontece com as da memória — é que não desaparecem nem mesmo quando descobrimos o truque. Quando voltamos a olhar para a imagem inteira, a ilusão persiste: o cérebro, obstinadamente, continua a construir a realidade.

A *invenção da memória*

O experimento de Treisman ilustra um elemento fundamental da nossa cognição: com um triângulo de um lado e a cor amarela do outro, criamos um triângulo amarelo. O mesmo acontece com as falsas memórias: são reconstruções que conectam narrativamente lembranças *reais* e desconexas em uma trama verossímil. Somos seres anfíbios dotados de memórias anfíbias. Com informação escassa, o cérebro constrói sempre uma história mínima e plausível.

A memória coletiva está repleta de *triângulos amarelos*. Um deles envolve dois mitos do esporte argentino: Diego Armando Maradona e Roberto Perfumo, o zagueiro central que aliava a elegância à truculência. Perfumo descreve no livro *Hablemos de fútbol* [*Falemos de futebol*] o mesmo que o camisa dez recordou em uma famosa entrevista na tevê sobre a primeira vez em que se enfrentaram.

Numa disputa de bola, Perfumo levantou Maradona no ar e depois rosnou para ele, com um sorriso: "Tem certeza que não machucou nada, neném?". Do chão, Maradona respondeu: "Não, não, professor. E o senhor? Machucou o pé?". A história dessa entrada foi se forjando na memória de seus protagonistas, formou parte de suas conversas em diferentes programas televisivos e foi usada como ilustração das tradições, da esportividade e da eterna tensão que sempre existe entre o mito consolidado e o gênio incipiente. Aliás: os arquivos mostram que Perfumo e Maradona nunca se enfrentaram em uma partida de futebol.

Essa fábula, claro, é inócua. As falsas afirmações sobre a presença de triângulos amarelos na tela de Treisman também o são. Mas, judicialmente, o mesmo princípio pode e costuma ter consequências catastróficas. Uma testemunha pode assegurar terminantemente ter passado por determinada situação que nunca ocorreu. Em seu livro *Eyewitness Testimony* [*Testemunho ocular*] (1979), a psicóloga norte-americana Elizabeth F. Loftus já advertia sobre as dúvidas legítimas despertadas pela afirmação "ver com os próprios olhos". Trata-se de uma fórmula que equivale a dizer: "Ninguém me contou o ocorrido: ele foi fotografado por meus olhos e, assim, posso fornecer esse retrato, que é o mais fiel que existe". Agora sabemos, porém, que esse tipo de declaração pode ser falsa, assim como a tentativa de sequestro de Piaget ou a irreverente réplica que Maradona dirigiu ao Marechal. Não são exceções nem raridades: todos nós inventamos recordações.

Para descobrir como usar esse elemento idiossincrático da memória a nosso favor, temos antes de compreender com mais exatidão como as lembranças são construídas e reconstruídas e em que ponto temos oportunidade de intervir para moldá-las.

Em fogo baixo

Num dia, lembramos todo tipo de detalhe: onde deixamos o carro, a que hora nos encontraremos com uma amiga, em que bar combinamos de almoçar e até a expressão da pessoa da mesa ao lado. A maioria dessas recordações se apaga rapidamente. Todos nossos anos escolares cabem em algumas poucas horas de relato. A infinidade de pormenores cotidianos ocorridos nesse período evapora: assim funciona a memória. Sabemos também, por experiência, que o processo de seleção é caprichoso: lembramos os momentos mais decisivos, bem como alguns episódios irrelevantes.

Para poder compreender as arbitrariedades da memória, teremos que penetrar na intimidade do funcionamento cerebral por meio de uma série de experimentos realizados há mais de um século. Em um desses *clássicos*, era apresentado um som (a um rato) e, em seguida, aplicavam um estímulo aversivo. A repetição dessa sequência forma uma lembrança que aciona um mecanismo de defesa cada vez que o roedor escuta o som. Essa lembrança dura vários dias; entretanto, se pouco após o aprendizado for injetada uma droga que bloqueia a síntese de proteínas, como a *anisomicina*, a lembrança desaparece: o animal escuta o mesmo som como se fosse a primeira vez.

Ao conectar um neurônio a outro, as sinapses formam a base celular da memória. A anisomicina impede a formação de novas sinapses, mas não destrói as já formadas. O estranho, então, é que, aplicando a droga após o aprendizado — quando supostamente já se desenvolveram as novas sinapses e a recordação já se formou —, este se desfaça. O que acontece?

A resposta desta pergunta revolucionou a concepção da memória. As sinapses que a tornam duradoura não se formam no exato momento do aprendizado, mas ao longo das horas, ou até dos dias, após um aprendizado. É o que denominamos *período de consolidação*. Diante da velha ideia da memória como fotografia, surgia de repente um novo modo de compreender como lembramos. A memória é cozida em fogo baixo; só ao ser consolidada que passa a ser duradoura e resiste à aplicação da substância, exatamente porque as pontes já foram construídas. Lembrem: a anisomicina não destrói as sinapses, apenas impede que se formem.

Nas últimas décadas descobrimos que, durante a consolidação, as novas sinapses articulam uma rede cerebral bem definida.

Quando as lembranças começam a se formar, uma estrutura conhecida como *hipocampo* intervém. O outro célebre papel dessa região cerebral, como descobriram os noruegueses Edward e May-Britt Moser, premiados com o Nobel, é formar os mapas espaciais para que nos orientemos e naveguemos pelo espaço. Essa conjunção faz sentido porque, como já sabemos, o espaço é a retícula natural da memória.

Podemos pensar no hipocampo como um sistema de índices que vincula os diferentes atributos de uma única memória: um som, uma imagem, um lugar, uma emoção. Cada um deles é codificado em circuitos neurais que ficam em diferentes regiões do córtex cerebral. Ao formar uma memória que os reúne, seus circuitos se conectam por sinapses. Essa conexão é vulnerável e se desmancharia não fosse o trabalho do hipocampo, que consolida essas conexões corticais em um processo de reverberação mnemônica. É como uma revisão mental em que recitamos repetidamente o que queremos lembrar, exceto que, nesse caso, ela acontece na intimidade do cérebro, sem nos darmos conta. Para realizar essa tarefa, o cérebro precisa de silêncio ou, melhor ainda, de sono. Quando o córtex fica liberado do processamento de estímulos externos, ele pode se dedicar, orquestrado pelo hipocampo, em consolidar as memórias. Por isso o sono é o combustível vital das memórias. Sem ele, não há reverberação nem tampouco consolidação e, portanto, as memórias adquiridas se desmancham e se fundem ao grande pântano do esquecimento. Com a reverberação se fortalecem as sinapses que conectam os circuitos através dos quais são codificados os diferentes atributos de uma lembrança. Então a memória se consolida, as conexões entre as regiões corticais passam a ser duradouras e autônomas e se libertam do papel do hipocampo. Chamamos de *engrama* o circuito de neurônios que codifica todos os atributos de uma memória. Quando os neurônios de um engrama são ativados, evocamos essa memória.

Começamos esta seção nos perguntando o que acontecia com os lugares, as pessoas, as ideias, os filmes e os livros que recordamos fugazmente. Agora sabemos o que acontece: eles não se consolidaram. Embora a aquisição de memórias se dê num ritmo vertiginoso, apenas algumas poucas se consolidam, em um processo lento e laborioso que necessita horas de calma e silêncio no hipocampo e no córtex.

Ode ao esquecimento

Ainda falta uma peça fundamental no quebra-cabeças da memória, descoberta por James Misanin, da Universidade de Rutgers. Uma memória também pode se apagar se a síntese de proteínas e, portanto, a formação de sinapses for bloqueada no momento preciso em que é evocada. Ou seja, quando uma lembrança "vem à tona", torna-se tão frágil quanto antes de ser consolidada. É o momento em que está se reconsolidando.

A reconsolidação neuronal pode ser mais bem compreendida fazendo uma analogia com o mundo digital. Vamos usar como exemplo um arquivo de texto no disco rígido de um computador. Esse arquivo é uma memória que perdura no tempo, mas fica vulnerável no exato instante em que o abrimos e o tornamos editável. A partir daí, qualquer um pode adicionar texto a ele, apagar ou mudar o que está escrito. Ao "salvar" o documento mais uma vez, voluntariamente ou por engano, essa nova versão substitui a anterior. O mesmo acontece no cérebro: uma memória se torna editável ao ser evocada. Novas sinapses podem ser acrescentadas, as preexistentes, apagadas, mudando assim seus atributos. Depois, o cérebro reconsolida essa memória. É o equivalente a apertar o botão de "salvar". E assim, de edição em edição, as lembranças vão se alterando. Antes de vermos como essa trama de edições e reconsolidações dá lugar a falsas memórias, vamos continuar nesse passeio pela escala celular para analisar o caso mais drástico de edição que existe. O lugar onde terminam quase todas as recordações: o esquecimento.

Por que é tão difícil se livrar de certas lembranças, mesmo quando tentamos com todas as nossas forças? Será que elas se tornam progressivamente mais duradouras quanto mais as repassamos? Eis aí uma ideia tão intuitiva quanto equivocada. Hal Pashler, da Universidade de San Diego, demonstrou isso estudando quanto tempo levamos para esquecer uma lembrança em função da frequência com que a exercitamos. Acontece que repassar algo com muita insistência, dia após dia, gera uma memória efêmera. Quem lembra do que releu infinitamente para uma prova escolar? Se a repetição for feita em sessões diárias, a lembrança evapora nessa escala, em dias. Se for semanal, em semanas. Aumentando ainda mais o tempo entre uma sessão e outra, a duração da memória aumenta progressivamente. Ou seja: se o que queremos na escola é conservar lembranças duradouras, menos é mais.

Desse modo, permanece a interrogação. Por que algumas lembranças são tão difíceis de esquecer? A chave está na natureza do esquecimento: as lembranças se perdem ao se desprenderem do mecanismo de evocação. Essa ideia nos leva ao experimento do Prêmio Nobel Susumu Tonegawa, no qual demonstrou ser possível evocar uma memória apagada estimulando o conjunto de neurônios que formam seu engrama. Em outras palavras: uma lembrança não desaparece da memória quando é apagada durante a reconsolidação. O que se perde é a capacidade de evocá-la, como acontece com as palavras que ficam na ponta da língua. Se as lembranças perdidas são as que se desconectam do sistema de evocação, é razoável supor que, pelo contrário, as inesquecíveis serão as que estão mais conectadas. Para visualizar essa ideia, vamos voltar à nossa analogia digital.

Na internet também existem memórias que são quase impossíveis de apagar, o que deu lugar a um movimento ético, tecnológico e legal que defende o *direito ao esquecimento*. Trata-se das memórias indexadas por muitas palavras e com alta prioridade. Costumamos equivocadamente associar o Google a um receptáculo de memória, mas não é verdade. O Google funciona exatamente como o sistema de evocação de toda a memória digital. Os famosos algoritmos do Spotify, YouTube, Facebook e Google não regulam a força com que um arquivo está gravado no disco rígido, apenas mudam a facilidade com que chegamos a ele. O mesmo se dá com as memórias: são persistentes e inesquecíveis quando possuem muitas ramificações que as conectam ao sistema de evocação, quando aparecem nas *playlists* do algoritmo cerebral.

O rastro de uma emoção

Sabemos agora que as lembranças mais difíceis de esquecer são as que possuem muitas vias de evocação. Ainda precisamos compreender como isso ocorre. A intuição aqui está correta: a chave é a emoção.

Momentos muito emotivos costumam produzir memórias de elefante. Quem já era adulto na época lembra precisamente o dia 11 de setembro de 2001, quando dois aviões colidiram com as Torres Gêmeas. Não apenas as imagens do atentado, mas também cada detalhe cotidiano: onde você estava, com quem, de onde vinha e para onde ia. Todos esses elementos, codificados em diferentes circuitos da memória, unem-se em um engrama que vincula a integridade dessa experiência a outros circuitos emocionais em diferentes regiões do cérebro. Uma cor, um cheiro, um lugar, uma emoção ou uma imagem bastam para ativar o sistema de evocação. As memórias estressantes são difíceis de erradicar porque estão unidas por milhares de laços e associações.

O neurocientista argentino Pedro Bekinschtein revelou que a chave desse fenômeno é o *cortisol*, um hormônio produzido em resposta ao estresse. Quando o cortisol é inibido farmacologicamente, as lembranças se tornam mais específicas. Uma associação entre dois estímulos é aprendida, mas essa associação fica desvinculada do contexto, o que impede sua generalização. Um exemplo: digamos que alguém tenha sofrido uma experiência traumática com um cachorro. Normalmente, essa experiência se generaliza, aumentando nossa aversão a outros cachorros, talvez também a outros animais. Quando o cortisol é bloqueado, por sua vez, a memória será associada ao cachorro que provocou o incidente ou até a algum dos gestos do animal. A lembrança é formada, embora permaneça em um estado suscetível. A lembrança sem cortisol (sem estresse) tem poucos gatilhos para conectá-la ao sistema de evocação e isso a torna frágil.

Vejamos o desempenho dessas ideias na área médica. O transtorno de estresse pós-traumático (TEPT) é o sofrimento crônico produzido pela recordação persistente de um acontecimento doloroso. Os gatilhos são diversos: podem ocorrer não só após acontecimentos extraordinariamente violentos — como um sequestro, um acidente, um estupro —, mas também mais comuns, como uma traição ou um pequeno furto na rua. Esses incidentes deixam marcas duradouras de sofrimento e depressão latente.

A principal ferramenta da psicoterapia para lidar com o estresse pós-traumático consiste em aproveitar o processo de reconsolidação: trata-se de evocar a lembrança traumática em uma situação segura, relaxada, para começar a forjar outras associações e ir deslocando o engrama para regiões menos traumáticas. É no momento da evocação que as palavras ficam mais poderosas para reconstruir uma memória. Esta técnica é bastante eficaz com lembranças dotadas de uma carga emocional moderada. Em casos mais traumáticos, porém, o processo de recortar e costurar é muito mais complexo e, para tratar o TEPT, costuma-se tentar combinar o uso da conversa com diferentes fármacos. Parece uma ideia moderna, mas não é. Nos relatos homéricos, são indicadas poções para facilitar conversas muito dolorosas. Ao chegar ao casamento dos filhos de Menelau, Telêmaco não sabia se seu pai, Ulisses, estava vivo ou morto. A conversa sobre a guerra de Troia no meio do evento era ao mesmo tempo dolorosa e necessária. Para possibilitá-la, Helena entornou *nepente* na ânfora onde estava o vinho. Nepente significa "sem dor": "Quem o tomasse não verteria lágrimas pela face durante um dia".

A história *se repete* mais de dois mil anos depois. Em 1912, o químico alemão Anton Köllisch sintetizou o MDMA nos laboratórios da companhia farmacêutica Merck, onde trabalhava na época. A substância passou quase despercebida até ser *redescoberta* em 1970 pelo químico Alexander Shulgin, que estudou sua possível eficácia como complemento na terapia do transtorno de estresse pós-traumático. Nesse momento, o MDMA já era famoso por seu uso recreativo. Pouco depois, porém, foi proibido em quase todos os países do mundo e as investigações sobre seu uso terapêutico foram interrompidas. Foi preciso esperar quarenta anos para Michael Mithoefer retomar o projeto na Califórnia e descobrir que, em situações severas de estresse pós-traumático, a psicoterapia assistida por MDMA é efetiva e segura. Aí estavam Helena e seu nepente, possibilitando conversas curativas que, na dor infinita, parecem impossíveis.

No tratamento do estresse pós-traumático é ainda mais frequente o uso do *propranolol*, um inibidor de adrenalina que, como o cortisol nos experimentos de Bekinschtein, media as respostas do estresse. Os resultados de uma meta-análise sobre ensaios clínicos mostram que esse fármaco diminui o estresse apenas se for ministrado durante a reativação da memória traumática, agindo no momento da reconsolidação. Mas, em qualquer outro momento, ele é ineficaz. Aí, não há nada a fazer, os fios de uma lembrança só podem ser cortados quando ela é evocada.

O estresse pós-traumático clínico é a versão exagerada de um problema bem mais comum. Alguns mais, outros menos, todos podemos ser atormentados por lembranças nocivas e adoraríamos poder aplacar, ao menos em parte, esse sofrimento. Nos ocuparemos disso no último capítulo, onde veremos que uma técnica geral para regular as emoções consiste em observá-las a certa distância, diminuindo a vigilância e a reatividade, como se quem as vivenciasse fosse outra pessoa. Esse estado mental leva à inibição do cortisol. Assim podemos conectar a regulação emocional com o que acabamos de ver: para o cérebro tanto faz se a inibição do cortisol se produz por meio de um fármaco ou de uma palavra: o efeito curativo sobre as emoções e a memória é o mesmo nos dois casos.

A verdadeira memória é falsa

Um passatempo das antigas revistas infantis consiste em ligar uma lista numerada de pontos. Riscar do 1 ao 2, do 2 ao 3 e assim por diante até a nuvem inicial de pontos isolados darem lugar a uma figura. Toda a informação da imagem está nesses pontos, embora de uma maneira críptica que só é revelada à medida que são conectados pelo lápis. As ilusões de conjunção de Treisman também funcionam ligando os pontos. O cérebro vincula a nuvem amarela em um lado da tela a um triângulo do outro para compor um triângulo amarelo.

Conexões desse tipo aparecem em diferentes campos da percepção. É o que acontece com uma ilusão auditiva conhecida como a *fundamental ausente*, utilizada há séculos na composição musical. Quando tocamos uma nota em um instrumento, o que escutamos é um empilhamento de notas conhecidas como harmônicos. Por exemplo, ao tocarmos um Lá no violão na frequência de 440 Hz (ou seja, a corda vibra 440 vezes por segundo), outras frequências também soam, múltiplos da fundamental. O dobro (2 × 440 Hz = 880 Hz), o triplo (3 × 440 Hz = 1320 Hz) e múltiplos maiores. Também aparecem outras frações menores que a fundamental, por exemplo 3/2 × 440 Hz = 660 Hz. Não se trata de um efeito secundário: o que define o som de um instrumento é essa riqueza sonora. Alguns, como o *requinto* ou o *guitarrico*, possuem até mesmo cordas que não são tocadas, cujo único objetivo é mudar a sonoridade dos harmônicos.

A regra dos harmônicos dá lugar a uma armadilha cerebral. Se fizermos soar ao mesmo tempo frequências de 220, 330, 440, 550 e 660 Hz, o cérebro as processa como provenientes de um som fundamental de 110 Hz, da qual são todos harmônicos. Ou seja, mesmo quando a corda não está vibrando nessa frequência fundamental de 110 Hz, nós a escutamos até com maior nitidez do que as cordas que realmente soam. Esse é o efeito da fundamental ausente, pelo qual escutamos uma nota que nunca foi tocada. Uma vez mais, o cérebro processa de maneira inconsciente a informação sensorial, conectando pontos distantes com uma lógica sofisticada que constrói a percepção.

Esse efeito que regula nosso mundo auditivo tem sua contraparte no espaço das palavras e da memória. Que palavra você pensa ao ler *cavalo* e *listras*? Quase todo mundo pensa em *zebra*, um *ponto* intermediário que conecta esses dois conceitos distantes. Henry Roediger e Kathleen McDermott demonstraram em um estudo muito famoso que esse mecanismo de conexão é uma ferramenta fundamental da memória. O experimento, agora icônico, funciona da seguinte forma: os participantes escutam uma lista de palavras com a instrução de memorizá-las. A lista é cuidadosamente selecionada de modo a compor uma nuvem semântica em torno de um conceito. Por exemplo, *cama, cansado, acordar, cobertor, ronco, travesseiro, paz* e *bocejo*, que formam uma nuvem ao redor de *sono*. Um tempo depois de verem essa lista, é bem mais provável os participantes recordarem ter ouvido *sono* do que algumas palavras que de fato estavam na lista. *Sono* é como a fundamental ausente: uma palavra que não aparece, mas da qual as demais se irradiam. Mesmo não estando ali, nós lembramos dela. O cérebro liga os pontos e, ao fazê-lo, "lembra" dos lugares intermediários. Na memória, como na percepção, ficam os triângulos amarelos.

As falsas memórias do experimento de Roediger não são arbitrárias. As distorções fazem fronteira com um entorno de palavras: acreditamos lembrar de *sono* porque é próximo de *cama* e *ronco*, *cadeira* porque é próxima de *mesa* e *poltrona*. É possível imaginar uma brincadeira repetindo esse processo infinitamente, como um telefone sem fio da memória. A partir de uma lista de palavras se produz outra nova, na qual se incluem termos que não constavam da original. Após várias rodadas, teremos algumas listas extremamente sofisticadas, muito distantes do ponto de partida. Conectamos aqui o mundo dos neurônios ao das palavras. Cada rodada do jogo é um momento de evocação e reconsolidação no qual se edita o engrama da memória, que muda ligeiramente e volta a se gravar em uma versão diferente. A repetição desse processo gera uma série de memórias muito elaboradas e cada vez mais cheias de detalhes imaginários, como o caso de Piaget, Maradona e Perfumo ou os identificados por Elizabeth Loftus, capazes de produzir testemunhos fantasiosos que acabam por interferir no funcionamento do sistema judicial. As lembranças se formam e deformam nos mesmos circuitos cerebrais. É isso que torna as memórias verdadeiras quase indistinguíveis das falsas.

As falsas memórias costumam ser consideradas uma falha. Como todo sistema de arquivo, na memória humana ocorrem distorções tanto por omissão (o que não lembramos) como por construção (o que lembramos, mas não aconteceu). Os resultados apresentados aqui sugerem uma ideia muito diferente: transformar as recordações é uma forma de liberdade que dá maior maleabilidade ao exercício criativo da memória. As falsas memórias — às quais deveríamos chamar mais apropriadamente de *ilusões da memória* — são fruto de um sistema sofisticado e criativo: encadear cada recordação a uma narrativa que confira continuidade à nossa identidade.

A criatividade das falsas memórias

O *modus operandi* das falsas memórias sugere sua ligação com a criatividade. Mas especificar esta relação exige uma boa ferramenta para medir o pensamento criativo. Em 1960, Martha e Sarnoff Mednick nos proporcionaram uma: o teste de associação remota composta (CRAT, na sigla em inglês), que avalia uma faceta central da criatividade: o pensamento lateral. O exercício consiste em encontrar uma palavra associada a outras três. Por exemplo, *maçã, família* e *casa*. Não há uma solução única para o problema e, portanto, o teste não pode medir com absoluta precisão a capacidade criativa, mas ainda assim o CRAT chega perto e se tornou um padrão de medição da criatividade. A solução para o exemplo acima é árvore, que se liga a cada uma das palavras da seguinte maneira: "as maçãs vêm de uma árvore", "a casa na árvore onde brinquei na infância" e "a árvore genealógica que descreve a história da família". O CRAT é um bom jogo de mesa que evidencia o modo intrincado com que armazenamos as palavras.

O mecanismo do CRAT é muito parecido com o das falsas memórias. Ambos envolvem o processo cerebral que identifica a *fundamental ausente* no mundo das palavras. Por essa razão não deveria nos surpreender que a indução de falsas memórias — à la Roediger — seja uma forma efetiva de melhorar a criatividade. A perda do foco na busca de conceitos que é característica das ilusões da memória tem *um lado positivo*: nos ajuda a encontrar soluções criativas. E também nos serve na hora de registrarmos, no diário de bordo onde escrevemos e lemos nossa saga, uma versão melhor de nós mesmos.

Quando nos mudamos para outro lugar costumamos enfrentar perguntas do tipo, "por que você foi embora?", "por que escolheu vir pra cá?". Qualquer resposta a essas perguntas será um pouco enganosa, por mais honesta que tenha sido nossa intenção. O que se interpõe é a inevitável perspectiva do presente: é difícil voltar a vestir a pele da pessoa que você era quando decidiu partir, a única capaz de responder cabalmente a essas perguntas. Como escreveu Carl Sagan: "Quando nos pedem no tribunal para fazer o juramento de dizer 'a verdade, toda a verdade, nada mais do que a verdade', estão pedindo o impossível".

A distorção de perspectiva é um dos rastros das ilusões mnemônicas, até mesmo as mais disparatadas. Por exemplo, em um de seus estudos, Nicholas Spanos relata o caso de um indivíduo que afirma ter vivido na antiguidade e que, desde a perspectiva dessa vida passada, descreve eventos ocorridos no ano 500 a.C. Como poderia conhecer Cristo cinco séculos antes de ele ter nascido? A incoerência dessa história exagera algo que é característico de qualquer lembrança: ela se funde indefectivelmente ao presente, a única perspectiva a partir da qual podemos genuinamente narrar nossa própria história.

Se o presente se interpõe deformando continuamente a narrativa do passado, como se constrói nossa identidade? No Canadá, Anne Wilson e Michael Ross resolveram este enigma aparentemente insolúvel: como mudar o tempo todo sem nunca deixarmos de ser os mesmos?

Antes de passar aos experimentos, vamos transportar essa ideia para outro domínio onde a tensão se torna ainda mais chamativa. Ao longo dos anos, praticamente toda a matéria do nosso corpo é trocada. Pele, sangue, ossos, o fígado e quase todos os outros órgãos se renovam em seu próprio ritmo, recompondo-se com os átomos distintos que extraímos do ar que respiramos e das coisas que comemos e bebemos. Em alguns anos, seremos feitos de outra matéria. Mas não deixaremos de ser nós mesmos. Esse paradoxo, relativamente desconhecido, é muito inquietante. Cada pessoa é um barco de Teseu. E essa inquietude subsiste no domínio de que nos ocupa, o da memória, do pensamento e da consciência: tudo muda sem que nada mude.

A solução é que reconstruímos o passado a partir de uma perspectiva de movimento. Como alguém andando de carro em ponto morto com a expectativa de um avanço. Vejamos os experimentos, que são reveladores. No primeiro, o professor emérito de psicologia Michael Ross realizou uma prova com um grupo de estudantes, em seguida ministrou um curso e, ao final, voltou a dar a prova. Por terem assistido às aulas os alunos foram levados a crer que as notas da segunda prova seriam melhores que na primeira. O que Ross não revelou é que, no curso, não se ensinava absolutamente nada que pudesse melhorar o rendimento dos estudantes na avaliação. Como regular a tensão entre a expectativa de aprendizado e a realidade de um curso no qual nada relevante é ensinado? O cérebro resolve o problema sem questionar o modelo de progresso criando uma falsa memória que proporciona consistência à narrativa. Ao serem questionados sobre suas avaliações iniciais, os alunos lembravam de ter obtido qualificações piores do que na realidade haviam conseguido. Os que haviam tirado oito antes do início do curso lembravam de ter tirado sete; os que tiraram cinco ficaram convencidos de ter tirado quatro: as falsas memórias mantinham a ilusão de progresso. Ross repetiu o experimento com outro grupo, que também realizou as duas provas, mas sem fazer curso algum. Esses alunos de fato conseguiram indicar com precisão as notas que haviam tirado na primeira avaliação. Vemos que as falsas memórias não são mera distorção da memória. São, pelo contrário, como as ilusões visuais: um mecanismo inconsciente e criativo para atribuir sentido a uma mistureba de informação escassa e contraditória.

Após realizar uma longa série de experimentos dos quais participaram de estudantes a grandes esportistas, Ross chegou à conclusão de que desvalorizar o passado para exaltar o presente é um viés muito predominante. E, para ilustrar tal conclusão, citou uma passagem da autobiografia do escritor húngaro Arthur Koestler, traduzida assim do inglês: "O adolescente desajeitado, o jovem tolo que fomos certa vez, costuma nos parecer tão grotesco e alheio a nossa própria identidade quando o contemplamos em retrospecto que imediatamente sentimos por ele uma espécie de desprezo irônico. É uma traição desalmada, mas todos nós acabamos nos tornando, inevitavelmente, traidores de nosso próprio passado". Traidores de nosso passado: esta é a chave. Assim como o ciúme e a inveja nos levam a criar versões desfavoráveis dos outros para nos sentirmos mais valorizados em comparação, o desejo de progresso subverte o passado até convertê-lo em uma versão desfavorável e grotesca do que fomos. Invejamos nosso próprio passado. Isso, segundo Ross, é o que ocorre em grande medida a quase todos nós.

    O contraexemplo mais claro desta perspectiva é o viés que surge quando a velhice se aproxima. Neste caso se dá o fenômeno inverso: ao próprio declínio são contrapostas lembranças de uma juventude mais vigorosa da que foi, e o presente passa a viver de glórias passadas. Como reza a máxima popular, o passado sempre é melhor.

Cada um de nós adota essas perspectivas de forma intermitente. Talvez Nestor Burma, o célebre detetive criado por Leo Malet, seja um reflexo mais adequado da necessidade de reafirmar o presente sendo ao mesmo tempo compassivo e afetuoso com o passado. Acusado de ter sido anarquista por um policial, Burma responde citando as palavras de um primeiro-ministro francês: "Quem nunca foi anarquista aos dezesseis anos é um imbecil", e acrescenta, em seguida, "Assim como quem continua sendo, aos quarenta".*
Identifico as duas perspectivas em minha própria narrativa. No domínio das habilidades, onde Ross foca seus experimentos, concordo com a norma. Aprendi a tocar violão e tudo que sei de música nos últimos anos. Como contei no prólogo do livro, comecei a andar de bicicleta faz pouco tempo e hoje pedalo milhares de quilômetros pelas montanhas. Posso reconhecer que, em ambos os casos, construí uma fábula declarando a mim mesmo um passado musical e esportivo pior do que tive, e que me permitiu glorificar as habilidades adquiridas diante de mim mesmo e dos demais. Já em relação às minhas viagens e encontros pelo mundo, desconfio me nutrir de uma glória que não está à altura do meu passado e, como percebo ao escrever isto, é hostil com meu presente.

Identificar em que domínios prevalece uma perspectiva ou outra e as implicações que tal coisa tem em nossa vida é um bom exercício. É que a maneira como relatamos nossas próprias lembranças impacta na forma que as vivemos e sentimos. Este será o eixo central dos próximos capítulos, onde tentaremos entender como a narrativa de nossa própria história dá forma a nosso contorno emocional.

---

* Li essa história faz uns vinte anos. Quando procurei a citação exata para transcrevê-la aqui, descobri que... minha memória havia sido editada. Burma pronuncia a primeira frase, mas não a segunda, que na verdade é a réplica sarcástica do policial. Prefiro minha versão, com essa nostalgia agridoce de Burma, e vou deixá-la assim.

EXERCÍCIO
Ideias do capítulo 3 para viver melhor

1. **Faça (a si mesmo) perguntas concretas, não genéricas**
   Não pergunte ao seu filho "Como foi seu dia?" nem a um amigo "Como vai a vida?". Perguntas demasiadamente amplas levam ao bloqueio, à página em branco. É muito mais provável você conseguir algo se perguntar a seu filho, "Qual foi a aula do seu último período?"; ele encontrará facilmente uma estação na memória e pode ser que daí surja algo interessante.
2. **Não desperdice energia tentando otimizar decisões impossíveis**
   Analisar as opções disponíveis e explicá-las a outras pessoas é ótimo, mas quando todas as alternativas são equivalentes, é razoável aceitar o acaso e escolher qualquer uma delas. A hesitação, nesses casos, é um sofrimento desnecessário e uma perda de tempo.
3. **Almeje um aprendizado profundo**
   Pense em algo em que você se dê bem, que você conheça detalhadamente, do qual tenha um conhecimento pelo qual se mova com confiança e segurança. Essas partes da memória são as mais úteis. Delas emergem a criatividade e a liberdade para pensar e raciocinar melhor. Sua antítese é o aprendizado passivo, que flutua

sem estabelecer conexões com o resto de nossos conhecimentos e experiências.

4. **Treine a memória**
Não é que os grandes mnemônicos sejam dotados de compartimentos maiores onde podem guardar mais informação: são especialistas em criar histórias ou imagens das quais se servem para conectar coerentemente as diferentes peças de seu conhecimento e poder recuperá-las em meio ao ruído. Você também pode fazer isso. Saber ler e escrever na memória dessa forma é uma das chaves para pensar com liberdade.

5. **Lembre-se que a memória é uma pintura, não uma foto**
Lembranças mudam cada vez que são evocadas, em um processo irrefreável de edição e correção de nossa própria história, que tem como objetivo a criação de uma narrativa coerente. Às vezes, inclusive, criamos falsas memórias porque elas amalgamam melhor a narrativa que contamos a nós mesmos. Mais que um defeito, essa qualidade é o substrato da criatividade.

6. **A memória molda nossa identidade**
Todos criamos fábulas que alteram nosso passado para dar significado a nosso presente. Algumas vezes, nos portamos com ingenuidade excessiva (lembramos de um passado esplendoroso, que talvez não tenha sido tão esplendoroso assim) e outras vezes com severidade demais (como nos sentimos mais sábios em comparação com nosso eu passado!). Pense em que contextos você foi inocente demais ou duro demais. Saber disso, e saber que as palavras nos oferecem a oportunidade de tomar partido, é uma chave do autocuidado emocional.

4. Os átomos do pensamento

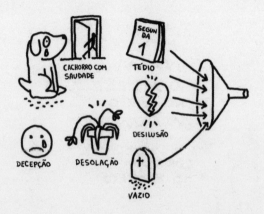

Como elucidar nossa maneira de pensar e sentir

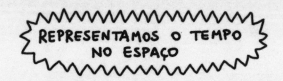

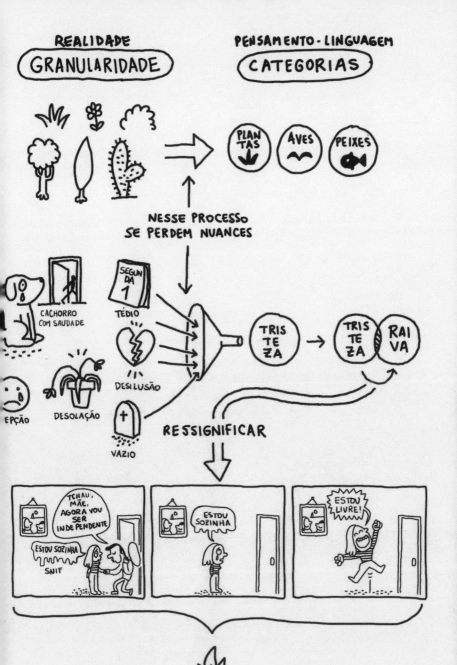

PLANO DE TRABALHO

Neste capítulo, mergulharemos na própria matéria da qual conversas são feitas: as palavras. Veremos que elas inexoravelmente transformam o que sentimos. Uma única palavra pode apaixonar ou destruir, definir os rumos de uma negociação, curar, causar dor. A palavra justa é nosso principal poder, ou, como diria Dumbledore, "nossa mais inextinguível fonte de magia".

A ligação entre a linguagem e a cognição tem sido um tópico predileto e um debate latente na psicologia experimental. Existem ideias sem linguagem? Como se transformam essas ideias quando aparecem palavras que as descrevem? Veremos que a linguagem, sem aviso, dá forma ao pensamento. Vamos passar dos domínios abstratos, como o do tempo e o espaço, para outros como os cheiros, que parecem ser impossíveis de descrever em palavras e, daí, ao das emoções.

A linguagem é uma faca de dois gumes. Comparemos nossa sensação ao ver um quadro, dar um beijo, comer algo delicioso ou sentir o perfume da pessoa amada com o relato dessas experiências. O ato de contar nos permite projetá-las na mente dos outros, ao preço de eliminar tons e nuances, tanto para os demais como para nós mesmos. Este é o lado B das palavras: através delas o mundo é pixelado, como em Minecraft.

Representamos as emoções de forma grosseira porque temos pouquíssimas palavras para definir o que sentimos. A infelicidade de uma criança que deixou o sorvete cair no chão, de um torcedor fanático assistindo à derrota de seu time ou de alguém que perdeu um ente querido são sentimentos muito diferentes. Mas usamos a mesma palavra para todos: tristeza. Como a linguagem é reflexiva, isto nos confunde e acaba sendo perigoso. A mesma ideia pode ser vista do lado oposto: não por suas limitações, mas pela liberdade que nos oferece. As emoções são frequentemente ambíguas, e temos uma grande oportunidade de reinterpretá-las, de redefini-las. Nossos batimentos cardíacos se aceleram e sentimos cócegas na barriga: uns chamam isso de *medo*; outros, de *entusiasmo*. E essa não é uma mera questão semântica: muda drasticamente como vivemos a experiência e, consequentemente, como agimos.

Há algum tempo, li uma série de tuítes que um amigo muito querido escreveu em sua casa em Nova York. Nenhum deles mencionava qualquer inquietação ou algo preocupante. Mas havia alguma coisa esquisita e inquietante naquela metralhada de texto que me levou a supor que meu amigo não estava bem. De onde veio essa intuição? Como conseguimos ler nas entrelinhas, indo além do significado explícito de cada palavra, para inferir emoções na mente alheia? O cérebro é extremamente eficaz na hora de efetuar esse tipo de inferências, tanto que às vezes exagera e extrai conclusões precipitadas que resultam em estigmas e preconceitos. O algoritmo que o cérebro implementa para produzir essas intuições é alimentado por um ingrediente simples que é o coração da inteligência artificial — a indução —, que também nos permite descobrir milhares de palavras sem que ninguém nos ensine, bem como nos desenvolvermos em um mundo onde as coisas são parecidas, mas nunca exatamente iguais.

Naquele dia, lendo os tuítes do meu amigo, a intuição funcionou: o algoritmo do meu cérebro detectou um sinal de alarme camuflado, compreendi que ele precisava de ajuda e fui capaz de oferecê-la. Nem sempre detectamos um pedido de socorro e, assim, deixamos passar a oportunidade de estender a mão na hora certa.

Encontrei essa ideia sintetizada no último dos *Cuentos breves y extraordinários* [Contos breves e extraordinários] de Borges e Bioy Casares, "O mundo é amplo e alheio", que ficou para sempre na minha cabeça, como uma espécie de obsessão. O conto, de apenas uma sentença, diz o seguinte: "No capítulo XL da *Vida nova*, Dante comenta que, ao percorrer as ruas de Florença, viu alguns peregrinos e pensou, com certo assombro, que nenhum deles ouvira falar de Beatriz Portinari, que tanto ocupava seus pensamentos". O ardor infinito que sentimos na própria carne é completamente imperceptível para os outros, mesmo quando eles estão ao nosso lado. Toda minha aventura na ciência é, de certa forma, uma maneira de remediar essa lacuna. Desconfio que, de um modo ou de outro, todos compartilhamos esta façanha. É a razão de ser das risadas, das carícias, dos abraços, dos amores. E — como me propus a contar neste livro — das palavras, que possuem a formidável virtude de tornar o mundo menos amplo e alheio.

AS PALAVRAS E AS IDEIAS

Na teoria da relatividade de Einstein, o espaço e o tempo estão inexoravelmente relacionados e podem se intercambiar porque são, na realidade, expressões distintas da mesma coisa. Essa ideia foi uma espécie de revolução conceitual em nosso entendimento do cosmos, mas de algum modo já fazia parte do senso comum. Quando dizemos, "o Natal está chegando", de que lado ele vem? Do sul? Do leste?

Os verbos associados ao espaço se fundem aos do tempo de um modo bastante peculiar. Às vezes o futuro se desloca até onde estamos, como no famoso bordão de *Game of Thrones*, "o inverno está chegando". Outras, pelo contrário, somos nós que nos deslocamos em direção a ele, como nos inefáveis slogans políticos que nos propõem "caminhar juntos rumo a um futuro melhor".* Independentemente de sermos nós a nos deslocar em sua direção ou vice-versa, na linguagem, como na mente, o futuro fica adiante e o passado, às costas. Fala-se de deixar o passado *para trás* ou, quando se tem esperança no que está por vir, olhar *para a frente*. Esta crença, que nos parece inquestionável, não se expressa apenas por palavras. Esticamos o braço à frente para nos referir ao futuro e para trás quando apontamos para o passado remoto.

Junto à cronobióloga Juliana Leone e o artista Mariano Sardón, realizamos um experimento em que os participantes desenhavam três círculos para representar, respectivamente, passado, presente e futuro.

---

* É importante estudar história, dizem na escola, "para saber de onde viemos e para onde vamos".

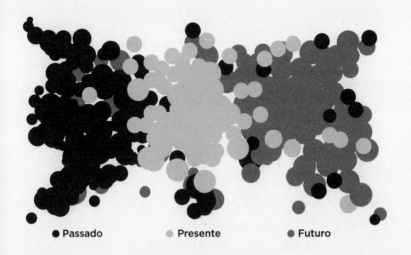

● Passado   ● Presente   ● Futuro

Cada um posicionava como preferisse os três círculos para representar o tempo e, nessas preferências, há diferenças substanciais. Uns acham que o presente é mínimo e preenchem o papel (e, portanto, a mente) com o passado e o futuro, enquanto para outros o passado e o futuro são círculos mínimos orbitando, ou ocasionalmente contidos, no presente. Esta variabilidade persiste dentro de uma norma comum: o passado à esquerda e o futuro à direita, ao menos entre povos que leem e escrevem nesse sentido. Por outro lado, a norma do passado atrás e do futuro adiante não parece ligada a nenhuma expressão cultural particular e, portanto, desconfiamos que deve ser universal. Mas não é.

Na região andina da América do Sul, os aimarás concebem a associação entre o tempo e o espaço de forma diferente. Carlos Núñez, professor de ciências cognitivas da universidade de San Diego, conta que, ao falar do futuro, os aimarás acompanham suas palavras com um braço estendido para trás. Quanto mais remoto o futuro ao que se referem, mais pronunciado é o gesto para trás. Por outro lado, quando falam do passado, esticam o braço para a frente. Esta maneira de pensar o espaço e o tempo se baseia em um uso diferente das palavras: no idioma aimará, *nayra* significa "passado" e também "à frente" ou "à vista". E *quipa* significa tanto "futuro" como "atrás". Essas palavras definem outra maneira de representar o tempo no espaço, mediante o uso metafórico que liga o visto ao conhecido. Vemos o que conhecemos, e o que desconhecemos, não vemos. Usamos esta figura o tempo todo, como por exemplo ao dizermos "Sabe como é?" para perguntar se nosso interlocutor compreendeu, se fomos *claros* na explicação.* Os aimarás associam o passado ao conhecido e, portanto, ao que está à vista, adiante. O futuro, por sua vez, é desconhecido e está fora de vista, às costas. Essa lógica parece tão impecável que, ao escutá-la pela primeira vez, ficamos tentados a adotá-la. Afinal de contas, sabemos mais sobre nosso passado do que sobre nosso futuro, e a associação com o visível e o invisível nos parece simples.**

Não é apenas a direção; a geometria do tempo também muda entre culturas. Para os astecas, a chegada dos europeus significou o fim de uma era cósmica e o início de outra: para eles, o tempo era circular. A ligação entre o tempo e o espaço é uma convenção cultural forjada na linguagem. Este exemplo ilustra um princípio mais geral: *muitos domínios do pensamento podem ser ressignificados, mesmo os que parecem impossíveis de serem transformados.*

* Onde está a célebre frase do pequeno príncipe de Saint-Exupéry: "O essencial é invisível aos olhos". Para o que mais poderia ser invisível? Ora, para tudo que é conhecido.
** *"The future lay before him, inevitable but invisible"* [Tinha todo o futuro pela frente, inevitável mas invisível], afirma John Green no romance *O teorema Katherine*. A palavra inglesa *before* geralmente significa "antes", mas aqui é empregada no sentido de "adiante". Uma revisão rápida revela o vaivém descontrolado entre o espaço e o tempo nos adjetivos do espanhol: o que está *del-ante* está antes, falamos da *parte posterior* (*atrás*) *da perna* e dos *acontecimentos posteriores* (*futuros*) sem o menor incômodo.

A forma do som

O espaço não é usado apenas para representar o tempo; também há ligações intuitivas e automáticas que o relacionam ao som. Ir dos graves aos agudos na música corresponde a *aumentar* o som, a escutar música *alta*, e essa associação espacial se estende à escrita: as notas graves são registradas no pentagrama abaixo das agudas. A relação se expressa também no corpo: costumamos erguer o corpo ao cantar notas agudas e o deixamos cair nas mais graves. O que pode ir em detrimento do canto, pois a nota grave desaparece de

tão sossegada. Para remediar este efeito, um exercício típico consiste em fazer a mímica inversa: erguer o corpo ou os braços ao cantar as notas mais graves, e deixá-los cair nas agudas, invertendo fisicamente a ordem do pentagrama. É uma forma de ressignificar os sons, de mudar as associações estereotipadas entre frequências e energias elevadas para descobrir que esta correspondência também não é irremediável, por mais intuitiva que pareça.

A linguagem também estabelece correspondências entre formas e sons tão intensas como difíceis de explicar. O exemplo mais famoso vem de um exercício de livre-escolha, quase de marketing. Foi concebido por meu amigo e colega Edward Hubbard junto com Vaidyanathan Ramachandran e converteu em celebridades experimentais as duas formas que aparecem na seguinte ilustração: uma é Kiki e a outra é Bouba. A pergunta é: quem é quem?

O exercício já foi repetido várias vezes com pessoas de todas as idades, de muitos países e culturas diferentes. O consenso é praticamente unânime: a ilustração da esquerda é Bouba e a da direita é Kiki. A correspondência parece tão evidente quanto difícil de explicar. É como dizer que alguém tem cara de Carlos, ou de Ana, coisa que na realidade nunca acontece. No caso de Kiki e Bouba parece que sim, e há um bom modo de explicar como o inconsciente de (quase) todo mundo opera para chegar a essa conclusão. Ao pronunciar as vogais /o/ e /u/, os lábios formam um círculo amplo que é relacionado à redondeza de Bouba. Para pronunciar o /k/, por sua vez, a parte posterior da língua sobe e o palato se fecha em uma configuração angulosa. Por esse motivo a forma pontiaguda da ilustração "tem cara" de Kiki.

Os exemplos do tempo e do espaço e o de Kiki e Bouba mostram como *a linguagem condiciona nosso modo de pensar, das ideias mais abstratas a decisões aparentemente irrelevantes.* Ambos servem sobretudo para desvelar o procedimento que dá lugar a essas crenças e que, por sua vez, é o ponto de partida para reconstruí-las.

Tanto em aimará quanto em espanhol, as metáforas que conectam tempo e espaço são diferentes. Quando e como essas trajetórias se bifurcam? Como os conceitos se alteram quando surgem as palavras que os nomeiam? A chave é compreender que uma palavra reúne um grupo de coisas distintas, com algo em comum. A palavra cão, por exemplo, define animais de alturas e pesos variáveis, jovens e velhos, de diversas cores. Pode até se referir a desenhos ou pinturas. Todas essas ocorrências integram a categoria *cão*.

Os sons da língua exemplificam bem como um contínuo se fragmenta em categorias. Em francês, existem mais de dez vogais, algumas delas indistinguíveis para hispanoparlantes, já que temos apenas cinco. A frase "*les jeunes gents jaunes*" soa para nós como a repetição de três palavras idênticas: "le shon shon shon". Para um francês, as vogais dessas três palavras são completamente diferentes e não geram ambiguidade alguma; *jeunes* significa "jovens", *gents*, "pessoas", e *jaunes*, "amarelas". Há casos piores, *cul* e *cou* costumam soar iguais — como se ambas fossem ("cu") —, mas, na realidade, os sons são bem diferentes e a confusão pode gerar problemas: uma é "pescoço", a outra é "bunda". Por que somos incapazes de distinguir vogais que, para os ouvidos de um francês nativo, são completamente diferentes? Patricia Kuhl mostrou que é uma habilidade perdida; qualquer bebê, em qualquer lugar do mundo, pode discriminar sons de qualquer língua, mesmo no caso de "*cul*" e "*cou*" ou "*les jeunes gents jaunes*". O que acontece é que essa habilidade diminui à medida que somos absorvidos pela cultura, até desaparecer na puberdade.

Para entender por que perdemos essa virtude, é útil identificar o contínuo de sons. Podemos fazê-lo posicionando a boca como se fôssemos pronunciar um /e/ e dizer um /a/, produzindo desta forma um som exatamente no meio destas duas vogais. Com um pouco de prática, é possível ir deformando uma vogal de outra de maneira contínua e progressiva. Enquanto adquiríamos os sons da linguagem, muito antes de produzir as primeiras palavras, nosso *trabalho* consistia em dividir esse contínuo de sons em apenas cinco vogais. O *trabalho* de quem cresce escutando francês é dividi-lo em outras catorze partes e, assim, cada cultura escolhe como categorizar o mapa sonoro.

Acontece que, para aprender essas categorias, é preciso desaprender as diferenças dos sons dentro da mesma categoria. Meu /a/ é diferente do de meus amigos, de meus irmãos; é diferente até do que eu mesmo pronunciava quando criança; diferente do /a/ que pronuncio ao acordar ou ao final do dia. Precisamos aprender que todos esses sons são ocorrências diferentes da mesma categoria. Ao fazer isso, perdemos resolução. Os objetos sonoros que podíamos distinguir começam a se confundir dentro de uma categoria. E acontece que várias parcelas de um idioma podem recair em uma única categoria de outro idioma: como os sons de "*cou*" e "*cul*", que são diferentes, mas que caem dentro da categoria da vogal do espanhol /u/ porque não os distinguimos. O que é diferente no som, na fala é igual.

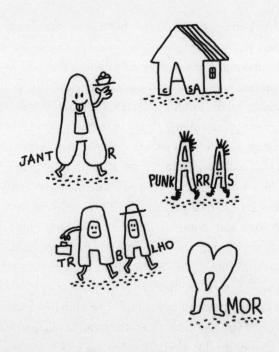

Isso acontece não só com os fonemas, mas também com todo o pensamento, inclusive naqueles cantos da percepção que parecem ser menos inclinados a se rotularem com palavras, como o mundo aparentemente indecifrável dos odores.

Frutado e amendoado

Saímos para dar uma volta. De repente, somos atingidos como um raio por um cheiro inesperado que nos transporta de volta à infância. Capturados na torrente de evocações inclassificáveis, acontece algo tão incrível quanto inexplicável, similar aos efeitos da *madalena de Proust*, capaz de desencadear de maneira abrupta e inconsciente uma torrente de memórias enterradas durante muitos anos.

O olfato parece ser um dos melhores exemplos de experiência mental sem palavras. Por isso, em sua ode à racionalidade, Kant o considera como o mais prescindível dos sentidos. O filósofo alemão dizia que os odores só podem ser descritos se fizermos referência a outros domínios. Assim, as palavras que nomeiam os odores em praticamente todas as línguas do mundo ocidental costumam se referir às substâncias das quais emanam, como cheiro de baunilha ou de café. Esta atribuição tem um problema óbvio: a maior parte dos odores resulta de múltiplas combinações de substâncias e não dá para descrevê-los algebricamente como a ponderação de seus componentes. O comentário numa degustação de vinhos diz, por exemplo, que "no nariz encontramos tipicidade varietal com notas de pimenta e marmelada e retrogosto amadeirado". Mas os aromas que povoam nossa experiência são parte de uma orquestra mais complexa e indivisível: uma mistura de cheiros vindos de fábricas, fumaça, gente, árvores, chuva e terra. O mundo dos cheiros, salvo em casos excepcionais, é irredutível.* Esta conclusão é um lugar-comum. Ela faz parte da intuição, do discurso filosófico e científico. O problema é que ela deriva de uma amostragem humana muito pouco representativa: ocidentais, educados, industrializados, ricos e democráticos; o que Joseph Heinrich, Steven Heine e Ara Norenzayan denominaram, em um trocadilho, "as pessoas mais estranhas do mundo", pois a combinação das iniciais desses adjetivos em inglês forma a palavra *weird*, que quer dizer "esquisito, atípico". Mas o mundo é amplo e está longe de se esgotar no conjunto *weird*; uma longa

---

* Experimente pegar um táxi em Buenos Aires: você vai ficar em estado de choque com o aroma de "fragrâncias marítimas" ou *"vanilla fresh"* [baunilha]. Os frascos de onde emana esse mundo irredutível recebem às vezes o rótulo geral — ironia magnífica — de "desodorante ambiental". O experimento definitivo para um membro do povo maniq.

série de estudos antropológicos identificou culturas cujas línguas são ricas em vocábulos para descrever odores.

Na última década, Asifa Majid, linguista e psicóloga da Universidade de York, dedicou-se a derrubar o mito do divórcio entre o olfato e a linguagem, construído por cima da observação parcial de sociedades ocidentais. Em um de seus trabalhos pioneiros, ela estudou a língua dos maniq, uma reduzida população de caçadores-coletores nômades do sul da Tailândia. A língua dos maniq, como a de muitas outras culturas, dispõe de cerca de quinze palavras para se referir a cheiros. Essas palavras não possuem nenhuma correspondência com materiais ou outros sentidos. Pelo contrário, são termos específicos e abstratos que descrevem exclusivamente o universo olfativo.

Os objetos associados a um conceito olfativo na cultura maniq têm pouca correspondência com o que acontece em culturas ocidentais. Por isso essas palavras não podem ser traduzidas. Um mesmo cheiro pode se relacionar a coisas comestíveis e não comestíveis, plantas e animais, objetos individuais, atividades e locais. Para os maniq, o sol é uma espécie de centro do espaço olfativo, com projeções muito diferentes se for um sol vermelho e abrasador ou um sol branco. Essas correspondências parecem estranhas, mas deixam de ser se pensarmos em domínios perceptuais para os quais temos palavras próprias, como as cores. Os livrinhos infantis pedem à criança que assinale as figuras vermelhas, azuis ou amarelas. Estes objetos são, claro, dos mais variados: caminhões, pessoas, comidas, abstrações. A cor se torna independente dos objetos e assume uma entidade própria. Acontece que muitas culturas (embora para essa discussão baste apenas uma) cunham termos olfativos próprios, abstratos, que definem categorias que não são reconhecíveis nem — eis a chave — perceptíveis nas culturas que carecem delas em seu léxico. As palavras comunicam e dão forma à experiência. Quando somem, a percepção fica confusa e desorganizada, por mais intensa que seja.

As categorias que nos definem

As categorias e as palavras apresentam uma dupla dimensão: são virtuosas, mas carregam um estigma. As vantagens de utilizá-las são evidentes. A atribuição de um nome nos permite saber do que falamos e a comparar sensações distintas, tanto as que vivenciamos pessoalmente como as vivenciadas pelos demais. Expressar uma ideia em poucas palavras que ganha vida na mente do outro. Minha tristeza naquela ensolarada tarde de quinta-feira pode estar relacionada à de outra pessoa, uma segunda-feira chuvosa, do outro lado do mundo. As palavras nos permitem descrever uma emoção para outras pessoas a qualquer momento, às vezes séculos, depois de senti-la. Mais ainda: proporcionam entidade à emoção, tal como vimos no parágrafo anterior, com as línguas dotadas de palavras próprias para o olfato.

A construção de categorias também tem um custo. Projetar o infinito detalhe de um contínuo de sons em poucas categorias leva à perda de resolução. A capacidade de observar que um /a/ pronunciado por duas pessoas é a mesma letra faz com que escutemos os dois sons, que são bem diferentes, como se fossem iguais. Perdemos a capacidade de perceber os pormenores que os diferenciam. É como ver o mundo por um filtro que granula a imagem em poucos pixels. Vivemos em um Minecraft. Por isso, como vimos, somos incapazes de reconhecer boa parte dos sons existentes em outras línguas, porque eles ocupam o mesmo pixel do espaço auditivo, na mesma parcela. Esta é a vantagem e o preço das categorias: ganha-se em abstração, mas perde-se em resolução.

Isso acontece em todos os domínios do pensamento, dos exemplos já vistos — como sons, fonemas e olfato — ao que abordaremos a seguir no livro com uma ênfase particular: o das emoções. Porque, assim como não distinguimos determinados sons de uma língua estrangeira, às vezes também confundimos emoções diferentes que se amalgamam em uma mesma palavra.

Neste caso, além do mais, a palavra é reflexiva. Ao definirmos uma emoção como *tristeza* ou *medo* desaparece a complexidade que pretendíamos descrever, perde-se essa riqueza própria de um mundo mais contínuo e profuso que o das palavras. Como observa Chesterton: "O homem sabe que há, na alma, tinturas mais desconcertantes, mais incontáveis e mais anônimas que as cores de uma selva outonal [...]. Acredita, porém, que estas tinturas, cada uma delas, em todos os seus tons e semitons, em todas suas misturas e combinações, estão representadas com precisão por um mecanismo arbitrário de grunhidos e guinchos. Acredita que, do interior de um corretor qualquer da bolsa de valores, realmente saem barulhos que denotam todos os mistérios da memória e todas as agonias do desejo".*

A citação é de "O idioma analítico de John Wilkins", ensaio no qual Jorge Luis Borges analisa a possibilidade de criar um idioma capaz de abarcar e organizar todos os pensamentos. Me aprofundo nos detalhes desse texto porque acredito que, em sua essência, está "talvez a coisa mais lúcida jamais escrita sobre a linguagem". Na introdução, Borges elogia assim a monumental proeza de Wilkins: "No idioma universal idealizado por Wilkins em meados do século XVII, cada palavra define a si mesma. Des-

---

* Quando Borges transcreve essas palavras de Chesterton, cita a página 88 de um livro de G. F. Watts, um artista fantástico que criou quadros e esculturas memoráveis, mas nunca escreveu um livro.

cartes, em carta datada de novembro de 1629, já observara que, por meio do sistema decimal de numeração, podemos aprender num único dia a nomear todas as quantidades até o infinito e a escrevê-las em um idioma novo que é o dos algarismos; também propôs a formação de um idioma análogo, geral, que organizasse e abarcasse todos os pensamentos humanos. John Wilkins, por volta de 1664, assumiu a empreitada".

Nessa passagem, aparece a ideia de uma linha mental onde todos os números estão colocados numa geometria simples: sabemos que o 17 fica à esquerda do 34, e o 127, entre o 100 e o 150. Esse mesmo exercício pode ser extrapolado para o espaço de todos os conceitos. Imaginemos esse espaço como uma nuvem gigante de pontos, cada um dos quais representa uma palavra. Um desses pontos, em algum lugar da nuvem, representa o conceito de *tomate*. Outro, em outro bairro deste espaço, representa o de *frio*. Uma vez identificados tais pontos, será mais fácil localizar outros conceitos, como por exemplo o de *maçã*, que estará mais perto de *tomate*, ou os de *neve* e *sorvete*, situados nas proximidades de *frio*. Essas coordenadas não bastam, contudo, para localizar a maioria dos conceitos. Não sabemos se *esperança* está à esquerda de *tomate*, à direita de *frio* ou mais perto de um do que de outro. A façanha de Wilkins pode ser vista como uma tentativa de encontrar a geometria de todos os conceitos. Borges a descreve assim: "[Wilkins] dividiu o universo em quarenta categorias, subdivisíveis por sua vez em espécies. Atribuiu a cada gênero um monossílabo de duas letras; a cada diferença, uma consoante; a cada espécie, uma vogal. Por exemplo: *de* quer dizer elemento; *deb*, o primeiro elemento de todos, o fogo; *deba*, uma parte do elemento fogo, uma chama".

Ao esboçar a ideia, Borges identifica um problema essencial: quais são as categorias? Assim como cada idioma decompõe o espaço de vocalizações em seu próprio conjunto de fonemas, as categorias de Wilkins não apresentam nada essencial, nada único nem particular. Claro, não há nenhuma razão necessária que torne *fogo* na primeira das categorias. Borges explica isso com ironia e clareza: "Uma vez definido o procedimento de Wilkins, falta examinar um problema de impossível ou difícil postergação: o valor da tabela quadragesimal que é a base do idioma. Consideremos a oitava categoria, a das pedras. Wilkins as divide em comuns (lasca, cascalho, lousa), módicas (mármore, âmbar, coral), preciosas (pérola, opala), transparentes (ametista, safira) e insolúveis (carvão, giz e arsênico). [...] A beleza figura na décima sexta categoria; é um peixe vivíparo, oblongo. Essas ambiguidades, redundâncias e deficiências lembram as que o doutor Franz Kuhn atribui a certa enciclopédia chinesa intitulada *Empório celestial de conhecimentos benévolos*. Em suas páginas remotas está escrito que os animais se dividem em (a) pertencentes ao Imperador, (b) embalsamados, (c) amestrados, (d) leitões, (e) sereias, (f) fabulosos, (g) cachorros soltos, (h) incluídos nesta classificação, (i) que se agitam como loucos, (j) inumeráveis, (k) desenhados com um pincel finíssimo de pelo de camelo, (l) et cetera, (m) que acabam de quebrar o vaso, (n) que, de longe, parecem moscas. [...] Notoriamente, não há descrição do universo que seja arbitrária e conjectural. A razão é muito simples: não sabemos o que é o universo".

Esse texto sempre me emocionou porque, para além de sua formidável lucidez em identificar as raízes do pensamento (o linguista Steven Pinker e o filósofo Umberto Eco, entre tantos outros, utilizaram-no como eixo de seus ensaios), é uma ode ao que é humano. Sem explicitá-lo, Borges se move entre uma ternura jocosa e admirada em relação a John Wilkins e, por meio dele, a nossa irrefreável vocação aventureira. Em sua odisseia, Wilkins colide com erros elementares, magistralmente parodiados na inefável enciclopédia chinesa. No epílogo, Borges diferencia o essencial do particular e, ao mesmo tempo, define a ciência: "A impossibilidade de penetrar no esquema divino do universo não pode, porém, nos dissuadir de planejar esquemas humanos, ainda que nos conste que estes são provisórios. O idioma analítico de Wilkins não é o menos admirável destes esquemas. Os gêneros e espécies que o compõem são contraditórios e vagos; o artifício de que as letras das palavras indiquem subdivisões e divisões é, sem dúvida, engenhoso. A palavra salmão nada nos diz; zana, a voz correspondente, define (para o homem versado nas quarenta categorias e nos gêneros dessas categorias) um peixe escamoso, fluvial, de carne avermelhada".

A tabela periódica das emoções

Seria possível projetar um idioma como o de Wilkins, que se refira ao universo das paixões? Existe um conjunto de emoções fundamentais capazes de se recombinar para descrever todas as emoções que sentimos? Esta classificação é universal? E, caso seja, quantas emoções fundamentais existem? Quatro, seis, vinte e sete? É um debate tão antigo quanto contemporâneo. Autores das mais diversas correntes do pensamento — de Aristóteles e Tomás de Aquino a Descartes e William James[*] — refletiram sobre as paixões e, ao fazê-lo, não deixaram de se perguntar ocasionalmente sobre a existência — e o possível número — das emoções fundamentais.

---

[*] Esta lista é uma humilde homenagem à lendária partida de futebol entre filósofos gregos e alemães concebida pelo grupo Monty Python. No time alemão jogavam Leibniz, Kant, Hegel, Schopenhauer, Schelling, Jaspers, Schlegel, Wittgenstein, Nietzsche, Heidegger e... Beckenbauer. Marx ficou no banco de reservas.

Uma emoção é universal quando é própria da condição humana e, portanto, observada em todas as culturas independentemente da tradição educacional de cada sociedade. Isso pressupõe que também deve ter origem na tenra infância. Retrocedendo ainda mais nessa linha de raciocínio, uma emoção é universal se faz parte da bagagem genética e, portanto, deve ter precursoras em espécies próximas.

Não há consenso sobre a existência de emoções fundamentais que cumpram todas essas condições. A primeira viagem sistemática em busca de uma origem universal das emoções foi a de Charles Darwin. Após obter grande notoriedade com a publicação de *A origem das espécies*, Darwin compilou uma série de expressões relativas às emoções vindas de diferentes partes do mundo: do seu entorno imediato aos recantos mais remotos. Sua busca havia começado muito antes. Em sua célebre viagem a bordo do *Beagle*, ele pediu para ser informado sobre todas as expressões emocionais empregadas no recanto mais austral do mundo: a Terra do Fogo. Também se interessou pelas expressões faciais dos recém-nascidos e coletou seus primeiros dados minutos após o nascimento do primeiro filho, William Erasmus. Ao longo dos primeiros dias, anotou os espirros, soluços, bocejos, alongamentos, gritos e, sobretudo, cócegas. Fez o mesmo com cada um de seus dez filhos e, a seguir, compilou essas observações com informações que solicitou cuidadosamente a pessoas em boa posição, para observar bebês, cegos, loucos e o repertório mais variegado do gênero humano pelo mundo afora. E o mesmo, é claro, no mundo dos animais. Compilou informações de seus bichos de estimação ou de suas visitas a zoológicos, e através dos naturalistas e cuidadores de elefantes que atormentou com perguntas. Assim concluiu que as expressões emocionais cumpriam uma função adaptativa e resultavam de um processo evolutivo compartilhado por humanos e animais.

Já em anos recentes, Paul Ekman, professor emérito da Universidade de San Francisco, virou um dos cientistas mais influentes do mundo ao defender a existência dessa tabela periódica das emoções, bem como de expressões universais de raiva, tristeza, medo, felicidade. Elas são produzidas pelos humanos e por alguns animais, e todos nós as reconhecemos. Inclusive os bebês, e gente que, na vasta densidade das culturas, pode reconhecê-las com extrema facilidade, quase automaticamente. Cientistas como Lisa Feldman Barrett questionaram essa ideia, indicando em seus estudos que as emoções variam muito mais do que intuímos, como os fonemas no universo de um bebê ou as representações espaciais do tempo em diferentes culturas.

Sem dúvida, as expressões faciais das emoções não são tão inequívocas quanto Paul Ekman sugeria. Lisa Feldman Barrett exemplifica claramente essa ambiguidade com a foto da tenista Serena Williams após conquistar um título de Grand Slam. Seu rosto, que parece exibir irritação e ódio, na verdade expressa uma sublime celebração.* Talvez o espaço das emoções tampouco seja tão flexível e desestruturado quanto Feldman sugere. A observação estatística de que muitas culturas têm uma palavra para se referir à mesma emoção, como a tristeza, reflete nossa tendência a certa ordem na tabulação das emoções. Do mesmo modo, a existência de precursores das emoções compartilhados com toda uma fauna de seres vivos — como as respostas à dor, ao frio e à fome — sugere um enclave genético para muitas funções centrais das emoções.

Esta batalha em torno da universalidade não é exclusiva do território emocional. Pelo contrário, em diversos domínios da cognição humana ocorrem debates muito parecidos entre os que, de um lado, acham que as faculdades humanas — como a linguagem, por exemplo — são inatas e estão determinadas biologicamente e os que, de outro, acham que são acima de tudo construções culturais. Essas discussões costumam terminar empatadas, mostrando claramente que as expressões do comportamento humano emergem de um tecido biológico que configura e delimita um espaço de possibilidades. Esse espaço, por sua vez, é vasto e oferece ampla margem de manobra para a cultura, a educação e a linha de vida única de cada pessoa.

A busca desse ponto de equilíbrio entre regras e liberdades parece conveniente de uma perspectiva puramente pragmática, para além de qualquer discussão filosófica sobre a natureza das emoções. Compreender que dispomos de ampla margem de manobra para mudar os contornos da experiência emocional é um bom ponto de partida. Mas outro bom ponto é compreender que,

---

* Há uma versão caseira desse experimento. Tudo que precisamos é um espelho e um orgasmo.

às vezes, esse processo apresenta atrito por tocar em elementos constitutivos. Em suma:

1. Reduzimos o acúmulo de experiências emocionais a umas poucas palavras que formam a base da nossa linguagem emocional. É algo inevitável.
2. Essas categorias não são universais, mas também não são completamente arbitrárias. Serve aqui, mais uma vez, o exemplo dos fonemas: cada língua escolhe com certa liberdade como dividir seus sons em vogais, mas esta divisão também tem algumas regularidades derivadas do que conseguimos pronunciar e do que nosso cérebro está ajustado para escutar. Assim, embora haja grande diversidade vocálica nos idiomas mundiais, todos têm /a/, /i/ e /u/, precisamente porque essas três vogais são as mais fáceis de pronunciar e escutar. O mesmo acontece com o tempo e o espaço: as projeções do passado e do futuro são traçadas por caprichos da linguagem, mas existem coincidências para organizá-los ao longo de um traço (reto ou circular) advindo da (uni)dimensionalidade do tempo.
3. A correspondência entre o contínuo de experiências emocionais e as palavras que cada categoria descreve pode ser ambígua, como acontece ao prepararmos a boca para pronunciar uma vogal e dizermos outra.
4. A escolha de uma palavra (uma categoria) para designar uma experiência emocional é reflexiva. Aproveitamos aqui a analogia com as crenças do mercado financeiro que vimos no primeiro capítulo. Nossa multidão interior é como um bando de gente oferecendo lances. Há fatos e notícias reais (uma doença, alguém que conhecemos, uma morte, uma briga, um beijo) que mudam o *valor acionário* de cada emoção. De tempos em tempos, há também bolhas financeiras, invenções do sistema que são acionadas e perpetuadas

de forma reflexiva. As categorias que escolhemos para descrever as emoções determinam e condicionam a experiência consciente que temos delas, seu impacto no corpo e as coisas que consequentemente fazemos, como gritar, rir, chorar, insultar, abraçar.

As paixões medievais

Com esses princípios em mente, agora veremos brevemente as intuições de grandes pensadores sobre a geometria do espaço das paixões. Vamos começar pelo século XVI. Em *As paixões da alma*, Descartes propõe uma lista que figura na maior parte das descrições que já foram feitas sobre as principais emoções: assombro, amor, ódio, desejo, alegria e tristeza.

Uns quatrocentos anos antes, Tomás de Aquino propôs onze emoções fundamentais. Não se tratava de um número cabalístico ou casual. Era, pelo contrário, resultado de uma cartografia precisa. Para Aquino, as emoções — às quais ele denominava *paixões* — faziam parte de alguns princípios mais gerais: os que põem em ação todos os corpos, vivos ou não. Em sua concepção — como para Freud, mais tarde, e tantos outros teóricos da psicologia humana —, a imagem da força que põe em ação todos os corpos é mais do que uma metáfora fundadora para entender o desejo. A etimologia de *emoção* é eloquente. Ela nos põe em movimento.

Assim como muitas vezes pegamos emprestadas as forças da física para explicar as emoções, os verbos das paixões valem-se da dinâmica da matéria inanimada como metáfora. Para descrever a gravidade, Aquino usa a imagem de um corpo pesado que *quer* cair na superfície, onde a *desfruta* e permanece em repouso. Estar no centro do universo constitui um bem para a pedra, não no sentido moral, e sim como uma finalidade teleológica que põe tudo em movimento.

Nessa concepção da dinâmica, todas as coisas tendem a um bem, ao que hoje chamaríamos de *equilíbrio*. A diferença entre uma pedra e um ser vivo (os animais, para Aristóteles e Aquino, têm paixões) é que o bem move a pedra mesmo sem que a pedra o saiba. Um ser vivo, por sua vez, tem de perceber o bem para sentir tal atração. Um cão persegue a presa apenas se a percebe. A paixão é a pulsão de um ser vivo em direção a um bem, a uma causa final, a um equilíbrio.

No esquema de Aquino, as paixões são organizadas segundo se refiram ao imediatismo do presente (comer ou beber) ou a uma perspectiva futura (cuidar de uma criança, estudar). As primeiras se chamam *concupiscíveis*, as segundas, *irascíveis*. As seis paixões concupiscíveis vêm aos pares. São o amor e o ódio, o desejo e a aversão, o gozo e a tristeza. Nem todas as paixões têm o mesmo status. O amor e o ódio são paixões primordiais e causa de todas as demais. A seguir vêm as cinco paixões irascíveis: a esperança e a desesperança, a audácia e o temor, e a paixão que interrompe a equivalência: a ira. A ira não integra a categoria de bem ou mal, mas oscila entre uma e outra. É a força que nos permite ir do temor à audácia.

Em Aquino surge uma ideia que hoje segue sendo um conceito vital na regulação das emoções: a ira costuma ser a emoção invocada para converter temor em audácia, como acontece, por exemplo, quando um atleta se vale da fúria para vencer uma partida. De certa forma, esse é o tema central da trama de *Guerra nas estrelas*: o medo leva à ira, a ira ao ódio e o ódio ao sofrimento.

As taxonomias distintas não só diferem na identificação das emoções primárias, mas também no traçado das direções que as organizam no espaço. Por exemplo, um modelo desenvolvido por James A. Russell no século XX baseia-se em três dimensões: a que mede o prazer, a que mede a excitação e a que mede a dominância. O traçado do primeiro eixo é o mais simples: a alegria é agradável e o medo, desagradável. A excitação, por exemplo, permite separar o tédio da ira: as duas emoções são desagradáveis, mas a ira provoca grande excitação e o tédio, não. De modo similar, duas emoções desagradáveis como a ira e o medo se separam no terceiro eixo: a ira é dominante e o medo, submisso. Russell pressupõe em sua teoria que esses três eixos descrevem univocamente todas as emoções. Cada emoção, inclusive as mais complexas, pode se caracterizar de acordo com seu valor nos eixos do prazer, da excitação e da dominância.

A roda das emoções

Nosso último passeio por essa breve história da geometria das emoções é a célebre roda concebida e diagramada pelo psicólogo Robert Plutchik.

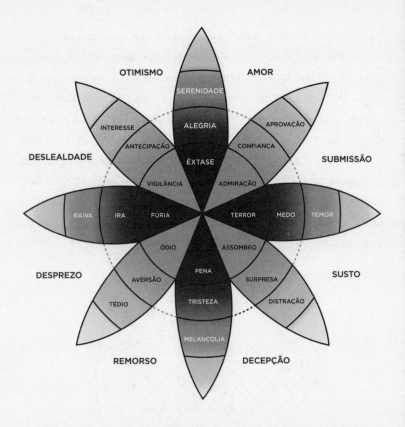

Surge aqui uma ideia inovadora: o espaço das emoções é circular, como o tempo dos astecas. Isso permite ir de uma emoção para outra girando em qualquer sentido da roda. Por exemplo, podemos passar da melancolia à ira pelo seguinte caminho: da tristeza à pena, daí ao ódio, que se transforma em fúria e desencadeia a ira. Este é o caminho mais direto, mas não o único; também podemos nos mover, em uma cadeia de associações bem mais longa, no sentido inverso.

Essa trama de interações estabelece um princípio de semelhanças e associações que podemos encarar como um ponto em comum na controvérsia de Feldman Barrett e Eckman sobre a existência de emoções universais. O argumento de Eckman é de que algumas emoções se repetem em todas as taxonomias e apresentam expressões consistentes entre indivíduos de todas as culturas. Aí se incluem a tristeza, a ira, a alegria; para Feldman Barrett, essas emoções nada têm de fundamentais, uma vez que podemos ressignificá-las com total liberdade. Deste modo, o rosto de Serena Williams, que num primeiro momento parecia ser de ódio, talvez seja de êxtase se o situarmos no contexto adequado. Barrett estende esse princípio a todas as demais emoções e sustenta que qualquer uma delas pode ser intercambiada com outra em função do contexto, da cultura, do aprendizado ou da interpretação.

O terreno intermediário que pretendo delinear é o de uma organização do espaço emocional em *categorias vagas*. A ausência de fronteiras definidas abre uma grande margem para reinterpretar a experiência emocional. A experiência emocional, por sua vez, está ligada a uma geometria — como a roda de Plutchik ou os eixos de Russell — e, portanto, algumas reinterpretações são mais simples do que outras. Pensemos em uma analogia evidente: é possível confundir o sabor da tangerina com o da laranja, mas dificilmente alguém sente gosto de peixe ao comer uma ameixa. O mesmo acontece com os fonemas: é mais frequente, entre pessoas e culturas, a confusão entre /r/ e /l/* do que entre /t/ e /p/. Em cada um desses domínios, os elementos que se confundem são os que estão mais "próximos" no espaço complexo onde o cérebro as representa. No exemplo de Serena, de fato, a confusão é reveladora. O êxtase e a ira são duas emoções de grande excitação — ou seja, que se sobrepõem em um dos eixos principais de Russell —, e isso as torna mais propensas a serem confundidas.

---

* Como na peça de teatro proibida na China, *Los perros del curro*, apresentada a nós por Alejandro Dolina.

A arquitetura do inferno

A seleção de casos em nossa brevíssima revisão histórica é caprichosa, mas serve para ilustrar como evoluiu nossa visão das emoções. A história começa por uma mera enumeração, que se transforma em uma organização hierárquica, onde o espaço das emoções já se estrutura em categorias e subcategorias. Este se sofistica cada vez mais até no último século ocorrer uma guinada fundamental: as emoções começam a ser representadas em um espaço geométrico onde é possível estabelecer vínculos de proximidade e distância.

O espaço de Russell tem três dimensões; a roda de Plutchik, por outro lado, se dá no plano. Isso a torna mais clara, pois é exatamente aí que podemos desenhar, ilustrar literalmente nossas ideias. O plano também é o espaço da arte, o espaço pictórico onde as paixões foram objeto de representação desde sempre. Um caso clássico é o tríptico de Bosch (*circa* 1510), onde o paraíso fica à esquerda e o inferno à direita, painéis que ladeiam a ampla tábua central: *O jardim das delícias*. A cena é confusa, sem hierarquias. Não se sabe exatamente o que representa, se as paixões terrenas ou uma espécie de paraíso sem pecado original. Não é claro para onde deveríamos olhar: há uma piscina, uma fonte com água e mulheres rodeadas de jovens montados em animais. Há detalhes difíceis de interpretar, alguns elementos fora de escala e outros que não obedecem à lei da gravidade. Como no pensamento clássico, *O jardim das delícias* é uma descrição das paixões sem ordem aparente.

Esta ordem começa a surgir na literatura medieval com *A divina comédia* e sua arquitetura do inferno. A própria cronologia da viagem de Dante Alighieri impõe uma hierarquia. Nesse esquema, aparece um primeiro agrupamento dos pecados: por excesso (a gula, a luxúria e a avareza), por falta (a preguiça) e por perversão (a inveja, o orgulho e a ira).

Essa conjectura sobre a ordem das paixões, assim como as dos outros grandes pensadores e artistas do passado, são versões subjetivas. Seria possível construir um mapa das paixões que, em vez de representar uma opinião esclarecida, incorporasse as intuições de todo um coletivo? Para conseguir responder a essas indagações, precisamos da ciência. E assim fizemos.

Pedimos a um grupo numeroso de pessoas que imaginasse sua própria cartografia do inferno, localizando cada um dos sete pecados capitais em um quadrado branco. Se não houvesse coincidência na forma como cada pessoa imagina a ordem dos pecados, a superposição de todos os desenhos seria uma grande mancha amorfa, mas não é o que acontece. Ao combinar milhares de desenhos individuais, aparece uma estrutura coerente: na parte inferior ficam amontoadas a ira, a avareza e a soberba, no meio a inveja e, finalmente, em um triângulo superior, a luxúria, a preguiça e a gula. É o desenho de uma arquitetura coletiva do inferno.

Essa arquitetura mental dos pecados parece razoável. Em um canto os vícios romanos, os da vida hedonista. Comida, descanso e sexo em abundância. No outro estão os pecados mais ligados ao sofrimento e à maldade — como a soberba ou a ira —, que não associamos ao prazer. No meio a inveja, que é ao mesmo tempo desejo e sofrimento. Esta ordem se assemelha à de Dante, mas tem algumas diferenças substanciais. A preguiça, que para Dante é o antípoda da luxúria, para a mente coletiva mora no mesmo bairro que a gula e a luxúria.

Essas construções são estruturas que permitem organizar e dar sentido às paixões, tal como o palácio da memória faz isso com recordações. De certa maneira, a ficção e a filosofia nos proporcionaram inúmeros palácios, cada qual com sua lógica própria e suas relações, que nos permitem organizar aspectos difíceis e áridos das paixões.

Os caminhos das palavras

A ideia de uma geometria para as paixões, com suas noções de vizinhança e contiguidade, ilustra um princípio mais amplo, que regula todo o pensamento: os conceitos se amalgamam em uma rede de relações de proximidade ou similitude. Ou seja, se definem, acima de tudo, pelo lugar que ocupam na rede de significados. Um exemplo é o conceito de *solteiro*. O que significa? Não estar *casado*. E o que é *casado*? Quem contraiu *matrimônio*, que por sua vez significa unido a outra pessoa mediante formalidades legais... Para definir uma palavra fazem falta outras palavras; cada significado está amarrado a outros, como no dicionário, em um ciclo que pode chegar ao infinito. Esta capacidade recursiva do significado, segundo apontou Charles Peirce há mais de um século, reside na essência da linguagem.

Como acontece com as pessoas, cada palavra é definida, em boa parte, pelo bairro em que habitam. Diz-me com quem andas e te direi quem és. Essa ideia, que depois seria reelaborada por Quine, Wittgenstein e tantos outros filósofos da linguagem, tem enorme importância para nossos objetivos. Como é bastante complexa e abstrata, dedicaremos o resto desta seção a explicá-la e destrinchá-la de diferentes perspectivas.

Vamos começar com o trabalho de Thomas Landauer e Susan Dumais, cuja rede de conceitos se converteu numa das principais ferramentas da inteligência artificial e com a qual eles oferecem uma solução moderna para o problema de Platão, que atormenta os filósofos e psicólogos há séculos: como pode ser que todos nós sabemos mais do que nos foi ensinado?

Os exemplos desse paradoxo são múltiplos e discrepantes: a criança rejeita comer um alimento ruim mesmo sem nunca ter provado algo parecido nem que ninguém tenha ensinado que existem coisas tóxicas. Para além desse tipo de conhecimento, que chamamos de *instintivo*, o paradoxo se aplica também a domínios mais *cognitivos*. Por exemplo, o linguista Noam Chomsky observou que as frases escutadas na infância não são suficientes para inferir delas a gramática da linguagem, apesar de ela ser adquirida com surpreendente facilidade. Isso permite a criação de sentenças novas e gramaticalmente corretas antes mesmo de aprendermos a somar três mais quatro. O mesmo fenômeno se dá na aquisição do vocabulário. Nas sociedades ocidentais e escolarizadas, uma criança de dez anos incorpora entre dez e quinze palavras novas por dia, inflando o léxico até as aproximadamente 30 mil palavras que um adulto conhece em média.* O ritmo é vertiginoso. O mais extraordinário de tudo é que não ensinamos a crianças, nem em casa, nem na escola, mais de três palavras por dia. Como descobrem o resto? A estatística é contundente: elas aprendem todos os dias o significado de muitas palavras que ninguém ensinou para elas.

A resolução dada por Platão a esse paradoxo é que já nascemos com a totalidade do conhecimento e, ao longo da vida, lembramos dele gradativamente. Vinte séculos depois, um professor de psicologia, Thomas Landauer, e uma professora de computação, Susan Dumais, propuseram uma solução bem diferente: cada vez que nosso cérebro (ou seu algoritmo) encontra uma palavra nova, ele conjectura que seu significado está no centro da nuvem que as palavras de uma mesma sentença ou parágrafo formam no

---

* E, como se fossem poucas, há essa gente detestável que usa de forma inapropriada palavras que mal conhece só para tentar falar difícil.

espaço dos significados. Com esta ideia simples e efetiva, eles lançaram uma pedra fundacional para a ciência cognitiva moderna, a teoria da computação e a inteligência artificial. Quine chegava ao Google e ao Facebook.

Vejamos como isso funciona. Nossa irreprimível tendência à indução nos leva a estabelecer relações para prever o desconhecido a partir de informações escassas. Vamos pegar um exemplo. Tem um saco com milhões de bolas. Tiramos uma ao acaso e ela é vermelha; depois tiramos a segunda, também vermelha; depois uma terceira, uma quarta e uma quinta, e todas são vermelhas. Qual será a cor da seguinte? Vermelha, claro. O que fica ofuscado na saliência dessas cinco repetições é que ainda há milhões dentro do saco, sobre as quais nada sabemos. O exemplo liga a indução ao viés de disponibilidade, que, como vimos nos primeiros capítulos, nos leva a tomar decisões ruins e nos convence de uma hipótese que só faz sentido com base na pouca evidência que consideramos.

A indução — vício e virtude ao mesmo tempo — também é uma ferramenta criativa. Vimos isso ao longo do capítulo anterior com o teste de associação remota composta para a série *casa, família* e *maçã*. Descobrimos que árvore é uma solução aceitável porque estabelece um vínculo semântico com a série. Do ponto de vista geométrico, no espaço de significados, equivale a dizer que a palavra árvore situa-se no centro desses três pontos. A criatividade verbal também se baseia em induções que se realizam navegando pelo espaço de significados. Da mesma forma que esse algoritmo permite buscar uma palavra que está no centro de outras conhecidas, também pode ser usado para descobrir palavras novas cuja definição desconhecemos. E é possível implementar essa ideia para compreendermos como a rede de significados cresce e evolui durante a infância.

O algoritmo implementado por Dumais e Landauer baseia-se na simples suposição de que palavras semanticamente relacionadas costumam aparecer próximas entre si em textos. O algoritmo lê um corpo extenso de texto, digamos então todas as obras escritas em espanhol nos últimos quinhentos anos. Toda vez que surge uma palavra nova, ela é incorporada à rede segundo sua relação de proximidades. É assim que aprendemos: incorporando cada novo elemento ao bairro mais provável, em função do contexto em que aparece. Podemos sentir na carne o algoritmo entrando em ação quando lemos uma palavra nova e intuímos seu significado com base no lugar que ocupa no texto. Não é muito diferente do que acontece nas redes sociais, tanto as virtuais quanto as construídas entre amigos e colegas. Acabamos de conhecer alguém e, antes que uma única palavra seja dita, inferimos por sua roupa ou seu modo de falar um sem-número de traços de sua identidade. Se a pessoa não está sozinha, quem a acompanha nos proporcionará mais pistas, como acontece nas redes sociais com os seguidores que tem e quem ela segue. Saber o que faz ou em que escolas estudou nos permite fazer muitas outras inferências. Esses são os fios que conectam o algoritmo a diferentes atributos. De forma similar, palavras desconhecidas são bem-vindas em nosso vocabulário.

O mais extraordinário do trabalho de Landauer e Dumais é que os dois não ficaram apenas na teoria e plasmaram sua ideia em um algoritmo que, no fim do século passado, funcionava em um computador rudimentar, processando os textos tal qual uma criança: a cada nova palavra, inferia seu significado pela proximidade com as palavras contíguas. Esse algoritmo foi um dos primeiros grandes sucessos do que hoje conhecemos como *inteligência artificial*. Ele era capaz de inferir o significado de palavras que nunca vira antes e era capaz de passar em uma prova de inglês de uma universidade dos Estados Unidos. Foi a prova-de-conceito para uma solução do problema de Platão. Um programa relativamente simples, que implementava o princípio de indução por coocorrência, podia aprender milhares de conceitos sem que ninguém os ensinasse.* Só isso.

PALAVRAS E EMOÇÕES

O princípio de indução nos permite conjecturar novos conceitos. Podemos imaginar uma linha que atravessa o bairro semântico dos animais e vai do conceito de *gato* ao de *tigre*. No meio haverá outros felinos, como o puma. Se prolongamos essa linha além do limite, criamos uma caricatura, um animal imaginário cujas características são um exagero ou uma deformação das características que diferenciam o tigre do gato. Também é possível compor personagens unindo pontos mais distantes no espaço de significados. Assim foi feito na história das fábulas, nos catálogos de fauna medieval ou nos bestiários, onde vemos monstros híbridos formados por uma mistura de partes reconhecíveis: a quimera — com seu corpo de cabra, cauda de serpente e cabeça de leão — é finalmente derrotada por Belerofonte montado no Pégaso, o cavalo alado. Já um dragão possui estrutura mais complexa. Lança fogo pela boca e tem corpo de serpente, asas (de morcego?) e cabeça de... dragão.**

---

* O uso de verbos como *ler*, *explicar* e *aprender* aplicados ao programa que implementa um algoritmo computacional podia parecer piada. Mas é? Toda forma de humor tem em comum a presença de um elemento inesperado. Neste caso, a proximidade entre *ler* e *computador*, que na rede de significados costumavam ficar longe. Mas a rede evolui e essas palavras estão se aproximando. Talvez fosse uma piada. Não mais.
** Também poderíamos nos perguntar: de que animais Totoro é feito? E o Stitch?

Munidos dessa nova ferramenta indutiva, voltamos à roda de Plutchik para criar emoções por indução e recombinação. Por exemplo, o amálgama entre *felicidade* e *aceitação* produz uma versão particular do amor; a superposição de *ira* e *repugnância*, um matiz da hostilidade. Plutchik acrescentou cores à sua roda justamente por achar que as emoções podiam se combinar numa paleta, como cores primárias. Este jogo pode ser jogado recursivamente para aumentar a granularidade ou especificidade de uma emoção: o que há entre a tristeza e a melancolia? Existe uma palavra para designar uma emoção tão específica? Talvez deveríamos combinar emoções a conceitos de outros bairros. Vamos pegar o seguinte exemplo: o "misto de tristeza e desassossego de uma tarde de domingo em que ficamos nos remoendo e repassando como um mantra a falta batida por Messi, como se fosse possível a bola desviar mais dois milímetros para entrar no gol e Lionel levantar a taça e, assim, conseguirmos dormir". Vemos que, quanto mais refinamos o processo, mais evidente também fica sua carga social e cultural.

Em outro contexto, na Noruega, as pessoas passam os meses de escuridão sonhando em tomar uma cerveja ao sol. Há um famoso nome usado pelos noruegueses, *utepils* — que significa literalmente "beber cerveja ao ar livre" —, para designar este desejo tão particular. Cada cultura, cada comunidade e cada indivíduo têm sua própria paleta. No *Dicionário de tristezas obscuras*, John Koenig enumera uma série de emoções que, como o *utepils*, só possuem palavras específicas em determinados idiomas. Em mandarim, *yù yi* é o anelo de voltar a sentir as coisas com intensidade de uma criança; em polonês, *jouska* é o tipo de conversa hipotética e compulsiva que ocorre em nossa mente; em alemão, *zielschmerz* designa o medo de conseguir o que se procura. Essas emoções parecem menos reais quando ficamos sabendo, como observa o autor, que as palavras são inventadas?*

A descoberta de uma emoção

O *jogo* que estou esboçando consiste em descrever uma sensação que nos seja especialmente significativa, e usar essa descrição como definição de uma nova palavra. Por que é importante que haja uma palavra específica para descrever uma experiência? Afinal de contas, a virtude da linguagem é a capacidade de recombinar palavras para poder expressar qualquer conceito. Acontece que, ao dar nome próprio a uma experiência, nós a encapsulamos; criamos uma forma sucinta, precisa e estável de narrá-la. Pensemos na palavra *meme*. Todo mundo sabe o que é. Porém, se essa palavra não existisse, descrever o conceito seria cansativo e complicado.

Descobrir e criar novas palavras é uma das maneiras mais efetivas de assumir o leme da experiência emocional. Podem ser palavras que desconhecemos em nosso próprio idioma, como *amartelamiento*,** de outros idiomas, como *utepils*, ou inventadas, como *jouska*. Dá no mesmo. O importante é encontrar uma mistura útil de cores na paleta das emoções e cunhá-la numa única palavra para poder recuperá-la sempre que quisermos, sem ficar à deriva nem se perder no relato longo, desconexo e variável de uma descrição muito mais extensa. Essas novas palavras servem como uma lupa fina para reconhecer e expressar as coisas que

---

* Algumas são reais. O *schadenfreude* do alemão é o inconfundível sentimento de alegria provocado pelo infortúnio alheio. No México, dá-se o nome de *munchies* à larica, a fome descontrolada que sentimos após fumar maconha. O *guayabo puntudo* na Colômbia é a excitação sexual em uma manhã de ressaca.
** "Excesso de cavalheirismo ou rendimento amoroso."

acontecem conosco, ou como uma bússola para ir a lugares interessantes de nossa vida emocional.

Por outro lado, uma palavra pode ser perniciosa quando se transforma em um saco enorme onde se confundem emoções diferentes. É o que acontece, por exemplo, com a palavra *amor*, à qual costumamos recorrer para expressar os sentimentos mais diversos, como o laço que nos une a um filho, um amigo, uma cara-metade e, dentro das relações conjugais, podemos empregá-la também para nos referir tanto à fogosidade dos primeiros dias como ao carinho sereno construído durante anos de vida compartilhada. Nada mais lógico que ela provocar todo tipo de confusões. Quando a pessoa diz "não sinto mais amor", o que na realidade pode estar tentando sugerir é que sente outro tipo de amor. Confundir essa transformação com uma perda por não dispor de um termo mais preciso para descrever o que sentimos pode nos levar a sofrer grandes e desnecessárias decepções.

Há quem descubra uma caverna, um teorema, um inseto ou um rio. Cerca de cinquenta anos atrás, Michelle e Renato Rosaldo, na ilha filipina de Luzón, descobriram uma emoção. Os Rosaldo são dois dos pouquíssimos antropólogos que conviveram nessa ilha com os ilongotes. Isso se deve às enormes dificuldades da viagem, às penúrias da incomunicabilidade transcultural e ao curioso costume ilongote de cortar cabeças. A viagem tinha como objetivo estudar as emoções desta cultura e eles constataram que todas, exceto uma, correspondiam às ocidentais: ela é chamada de *liget* pelos ilongotes e, para nós, parece quase tão incompreensível quanto o vocabulário olfativo dos maniq.

Em seu primeiro contato com esta emoção, Renato Rosaldo encontrou um ilongote em um estado de energia transbordante que não conseguia parar de cortar árvores e gritar "tenho *liget*!". Da perspectiva ocidental, a expressão está associada a sentimentos de alegria incontida. Algum tempo depois, ele se deu conta de que o fator desencadeante do *liget* costumava ser a morte de alguém. O negócio é estranho: este pesar não se expressa com o pranto, mas numa sanha desenfreada de cortar árvores ou cabeças, cantando euforicamente. A conjunção entre gatilhos, efeitos, formas de expressão, canais de alívio e comunicação faz com que essa emoção seja extremamente difícil de traduzir e mais ainda de sentir.

Renato conta que sua primeira experiência pessoal com o *liget* ocorreu em 1981. Ao voltar de uma caminhada, ele sentiu um silêncio aterrorizante, como se toda a aldeia tivesse se calado de repente. Michelle, sua esposa, tinha caído e, quando ele chegou mais perto, viu seu corpo inerte, já sem vida. Aí sentiu uma energia transbordante, como se ele e o mundo inteiro oscilassem, expandindo-se e contraindo-se. Um bom tempo depois, enquanto dirigia na estrada, já de volta à Califórnia, começou a sentir uma ansiedade descontrolada e uma pressão insuportável. Parou, desceu do carro e começou a uivar. Na mesma hora, percebeu do que se tratava: era o *liget*. Só então achou as palavras certas: alta voltagem. O que sentia era uma espécie de frenesi, de dor profunda, de arrebatamento; a sensação de ser atravessado por um raio. Depois de anos estudando essa emoção, o corpo do antropólogo estava preparado para experimentar a complexa mistura de sensações e manifestações, essa estranha combinação de gritos, alívios e arroubos de energia descontrolada.

A *natureza das emoções*

A fábula do *liget* ilustra ao mesmo tempo o que há de mais extraordinário e mais problemático no estudo das emoções. De extraordinário, a elasticidade da vida mental, nossa surpreendente capacidade de transformar a experiência emocional até mesmo no domínio mais difícil de todos: a dor. Mas o problema é que essa força sensacional vive atolada em uma lama de indefinições. Apesar de tudo que aprendemos e descobrimos, ainda parece muito difícil chegar a um acordo sobre o que constitui uma emoção. Muitas discussões sobre a natureza das emoções são, em última análise, meras distinções semânticas.

Um ano atrás, Christián Carman, Sergio Feferovich, Diego Golombek e eu demos um curso no Instituto Baikal. Parece o começo de uma piada: um filósofo, um músico, um biólogo e um neurocientista dão um curso... Somos bons amigos e estávamos animados para aprender uns com os outros, de modo que se criou um espaço de conversa adequado.

Na primeira aula, falei sobre a profunda mudança de paradigma ocorrida quando fabricantes de vidro na Europa construíram os telescópios com os quais Galileu Galilei avistou pela primeira vez algo impossível de perceber a olho nu: satélites que orbitavam ao redor de Júpiter, não da Terra. Com isso, ele mudou de uma vez por todas a nossa concepção do universo. Depois falei sobre sonhos, tão elusivos que é quase impossível decidirmos se não passam de uma lembrança enganosa que tivemos ao acordar. Ou parecia, pois hoje temos instrumentos que nos permitem visualizar a atividade cerebral, empregados pelo cientista japonês Yukiyasu Kamitani para conseguir algo que também era impossível até então: reconstruir em tempo real a trama de um sonho a partir da atividade cerebral do sonhador.

Haverá alguma coisa que antes era invisível que possa mudar nossa concepção anteriormente invisível e hoje percebida capaz de mudar nossa concepção sobre as emoções, moldada por séculos de filosofia e introspecção? Achei que esta era uma boa maneira de começar uma conversa sobre a natureza das emoções.

A intuição nos diz que as emoções são, antes de tudo, uma experiência mental. Sentimos tristeza, alegria, amor, irritação. Mas isso é só a ponta do iceberg de um fenômeno muito mais complexo. Contemplamos as emoções a olho nu, e as concebemos como se concebia o céu antes do Renascimento mas, na realidade, elas são algo muito mais rico, envolvendo um complexo repertório de respostas corporais e cerebrais.

As expressões corporais são tão constitutivas das emoções que, só de mimetizá-las, podemos induzir sua experiência. Como uma espécie de exercício epistemológico ou experimento mental, decidi levar esta ideia ao limite naquele curso. E se a experiência consciente de uma emoção no fim das contas for quase uma miragem? Uma emoção pode ser completamente inconsciente?

Por mais estranha que a ideia possa parecer, trata-se na realidade de um lugar-comum. Quando dizemos que um rato — ou um bebê, no caso — sente medo, o que entendemos é que ele produz uma série de mudanças corporais, expressões e reações que associamos ao medo. Podemos acrescentar a essas manifestações toda a cascata de processos cerebrais e modulações farmacológicas que conhecemos graças à pesquisa científica. Quando afirmamos que um rato sente medo, sabemos tudo isso. A única coisa que não sabemos é: ele sente medo mesmo?

É possível induzir emoções inconscientes, primeiro em um sentido fraco e depois no sentido mais forte. O sentido fraco é fácil de demonstrar. Há uma infinidade de experimentos na psicologia que mostram que é possível condicionar quase todos os aspectos do comportamento cognitivo e emocional a partir de estímulos dos quais não temos nenhum registro consciente. Um experimento clássico consiste em apresentar um número a uma pessoa na tela durante uma fração de tempo tão curta que se torna invisível. Quando, a seguir, essa pessoa escolhe um número livremente, o mais provável é que escolha o que "não viu".

Embora a experiência não tenha sido consciente, o cérebro registrou o número.

O experimento foi repetido no domínio das emoções. A exibição subliminar de um rosto triste induz mimetismos, respostas, reações e a sensação de tristeza. Os participantes não sabem a que atribuir a sensação que os deixa embargados porque o estímulo que a dispara é inconsciente, ensejando emoções *flutuantes*. E elaboram uma pilha de motivos para dar sentido a essa tristeza, da mesma forma que falsas memórias são produzidas para dar coerência a outras inconsistências da vida.

As respostas corporais à imagem subliminar de um rosto triste são imediatas, e só algum tempo depois a pessoa declara sentir a emoção. Neste limbo em que o corpo como um todo expressa tristeza enquanto a pessoa diz não senti-la, estamos experimentando uma emoção? Vemos que a pergunta se parece muito com a questão do *medo* do rato, ou de qualquer outro animal ou, no caso, de outra pessoa. A emoção é percebida a olho nu, no momento em que o corpo a expressa, sem nos perguntarmos o que o outro sente. Esta é a expressão *forte* de uma emoção inconsciente.

Christian, o filósofo, respondeu de maneira lúcida e sucinta. Ele afirmou que havíamos mudado sutilmente o sentido de uma emoção carregando-o com os temperos biológicos que a acompanham. Num segundo passo, definimos a emoção como esses temperos biológicos e, depois, mostramos que toda a fanfarra biológica pode existir sem experimentar a emoção. No caminho, afirmou, esquecemos que a essência das emoções é estudar o que acontece conosco, o que sentimos, o que nos faz sofrer ou amar, que está na origem de todas as perguntas.

Poderíamos pensar, de fato, que a dança fisiológica que se apodera do corpo é irrelevante se, no fim das contas, a pessoa não sente tristeza. Mas, na realidade, importa muito, até de uma perspectiva puramente pragmática. A expressão corporal de uma emoção pode nos adoecer, ou curar, mesmo que não a percebamos conscientemente, e — para além de nossa própria experiência — sempre termina afetando os outros. Já aconteceu de me perguntarem por que estou irritado e eu ficar surpreso com a formulação da pergunta. Irritado, eu? *Acontece que, às vezes, nossas emoções são mais visíveis para os outros do que para nós mesmos.*

A razão das emoções

Desvendar a orquestra fisiológica e comportamental das emoções é um caminho para compreender sua razão de ser. Ante um perigo, o medo é a preparação para a fuga, e a ira, para a luta. Eis as emoções segundo Tomás de Aquino, uma reação a estados de tensão que busca restabelecer o equilíbrio. A roda de Robert Plutchik sugere que um bom modo de compreender as emoções é desvendar as funções primárias que elas solucionam. Este exercício também nos ajudará no objetivo central do próximo capítulo: *como transformar-nos em protagonistas, diretores ou roteiristas da nossa própria vida emocional.*

A ideia fica mais clara em um exemplo: o que garante a sobrevivência é antes fugir a tempo do que sentir medo. Quando pensamos nesse espaço de funções vitais, encontramos exemplos na maioria das espécies: a busca por alimento, a resposta ao confronto na forma de luta ou fuga, a reprodução, os cuidados consigo mesmo, a inclinação por explorar. A correspondência entre funções e emoções não é um para um. A reação ao confronto, no caso, não se associa tanto ao medo como à ira, e irradia sobre as demais formas da emoção com o objetivo de restabelecer um equilíbrio.

Cada função vital pode se realizar de maneiras muito diversas. Por exemplo, a fuga, o mimetismo, a camuflagem, o confronto ou os ânimos exaltados cumprem a mesma função: sobreviver a uma ameaça. O universal é dispor de um mecanismo rápido para responder a uma ameaça, não a expressão corporal deste mecanismo. Exatamente por isso é difícil encontrar o gesto universal da ira ou de qualquer outra emoção. Dito de outra maneira: a necessidade de contar com mecanismos rápidos e automáticos para responder a uma ameaça é muito mais universal que as expressões físicas do medo em cachorros, gatos, ratos ou humanos.

Os circuitos biológicos que implementam essas funções foram observados em todo tipo de organismos, inclusive nos mais primitivos, como vírus, fungos, bactérias e algas. A ubiquidade desses mecanismos é tal que vai além dos animais superiores e microrganismos e se estende também às plantas, com sua parafernália de respostas ao contato mediante sinalizadores químicos com os quais se retraem, ficam paralisadas, atacam e se camuflam. Esses exemplos talvez sirvam para admitirmos a ideia de que pode *haver medo* sem a sensação ou consciência de tê-lo. Os automatismos acionados em resposta ao perigo podem ser concebidos como um precursor da sensação consciente do medo. A sensação em si é apenas um ingrediente a mais de toda essa cascata de respostas. Na lupa distorcida do olho nu, a experiência mental é o epicentro de uma resposta emocional. Por sua vez, no universo das espécies, parece ser apenas mais uma ocorrência em uma lista muito vasta.

Um mundo menos amplo e alheio

Diferentes versões do algoritmo de Landauer são utilizadas hoje de forma rotineira para identificar automaticamente o significado de um texto ou de uma conversa. Em meu grupo de pesquisa, utilizamos essa ferramenta para inferir certos elementos do pensamento a partir da linguagem. Assim como há aplicativos que nos informam sobre nossa atividade física monitorando os passos e o ritmo cardíaco durante uma caminhada, as ferramentas descritas neste capítulo podem nos proporcionar um resumo estatístico da nossa atividade mental. Absorvidas no espaço dos significados, as palavras que usamos oferecem uma janela privilegiada pela qual ver — e registrar — oscilações de humor, reviravoltas e transformações no pensamento, ideias recorrentes e obsessivas, alegria, depressão. Nossas palavras dizem tudo isso a respeito de nós mesmos.

Algum tempo após o nascimento do meu primeiro filho, Milo, percebi que a palavra "cuidado" se convertera, por uma grande margem e para meu pesar, na mais frequente do meu vocabulário. Em alguns casos, sem dúvida seu uso era justificado. Cuidado ao atravessar a rua, tudo bem; cuidado com tal cadeira, talvez; mas, cuidado com essa ameixa, com essa colher? O abuso do termo o converteu em um tormento. A ânsia de resolver essa incômoda obsessão foi uma das principais motivações na pesquisa que resultou neste livro.

Assim como às vezes precisamos de um empurrãozinho para sair de casa e fazer um pouco de exercício, de vez em quando falta alguém para nos encorajar a mudar nossas ideias; para chamar nossa atenção quando abusamos de palavras nocivas e nos convidar a reconsiderá-las. Porque a escolha das palavras é como a escolha do vestuário. Quem se veste de cores vivas ou opacas não está apenas mudando sua maneira de se apresentar diante dos outros, mas também revela seu estado de espírito. As palavras que usamos dão forma e cor ao nosso mundo e ao mundo daqueles que mais amamos.

EXERCÍCIO
Ideias do capítulo 4 para viver melhor

1. **Você pode mudar sua experiência emocional**
   Ainda que muitas vezes não pareça, as coisas que você sente, como sente e como as coisas afetam sua vida não estão gravadas a ferro e fogo, nem além do seu controle. Ter consciência de você poder mudar essas experiências constitui o ponto de partida ideal para dirigir sua vida emocional no rumo que você quiser.
2. **Não peça o impossível a si mesmo**
   Exija somente o que estiver dentro das suas possibilidades, as coisas que estejam em sua zona de desenvolvimento imediato. Metas razoáveis ajudam a avançar, enquanto as inalcançáveis podem ser fonte de desmotivação e sofrimento. Não se trata de uma simples questão de prazos. As metas, em todo caso, sempre podem ser revisadas.
3. **Não esqueça que sua linguagem condiciona o que você sente**
   As palavras que você usa e conhece delimitam a paisagem do que você sente, das explicações que encontra e de como constrói sua biografia. Reflita sobre as emoções, seus detalhes, suas conexões e diferenças; sobre as palavras que as descrevem. Pensar sobre

seu repertório emocional abre o leque de opções, tanto do que sentimos como de nossas reações. Sem elas, a percepção fica ofuscada até quando a experiência é intensa.

4. **Encontre (ou crie) novas palavras para descrever suas emoções**

   Um nome preciso para a combinação exata de emoções confere maior resolução sobre o que sentimos e, consequentemente, maior controle para decidirmos como enfrentar a situação. Tente dispor de uma paleta ampla de emoções, de um bom catálogo. Categorias amplas demais provocam distorções, equívocos, sofrimentos e decepções desnecessárias.

5. **Dê ênfase às regiões intermediárias**

   É comum que faltem palavras para descrever um ponto intermediário entre duas emoções bem definidas. O que há entre a preguiça e a tristeza? Como chamar algo entre a alegria e a surpresa? Procure, crie e nomeie esses conceitos para ganhar nitidez e viver uma experiência emocional menos pixelada, mais sua.

6. **O corpo não só reflete o que sentimos mas também condiciona**

   A expressão física de uma emoção, muitas vezes inconsciente, também tem a capacidade de induzi-la. Esboçar um sorriso pode produzir alegria (ainda que efêmera) e franzir o cenho pode deixá-lo irritado. Tomar consciência deste fenômeno e prestar a devida atenção a ele nos permite assumir as rédeas de uma parte imprescindível da nossa experiência emocional.

7. **Para mudar de ânimo, mude de palavras**

   As palavras que usamos dão forma e cor a nosso mundo e podem afetar nossa experiência emocional. Um bom ponto de partida, se queremos mudá-la, consiste em procurar palavras diferentes.

5. O governo das emoções

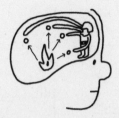

Como assumir o controle de nossa vida emocional

ESTRATÉGIAS BOAS E RUINS PARA CONTROLAR AS EMOÇÕES

INDUÇÃO

O CÉREBRO DEDUZ DE NOSSAS EXPRESSÕES CORPORAIS QUE EMOÇÃO SENTIMOS.

FAZ VOCÊ SE SENTIR BEM

↑

NÃO É TÃO DIFÍCIL PLANTAR UMA EMOÇÃO

↓

O EFEITO É EFÊMERO E IMPRECISO

DISTRAÇÃO

BUSCAR ALGO QUE DISTRAIA A MENTE.

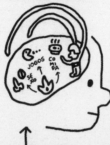

↑

AS DISTRAÇÕES COSTUMAM SER VICIANTES. O REMÉDIO PODE SER PIOR DO QUE A DOENÇA

...E A EMOÇÃO CONTINUA CAUSANDO ESTRAGO

RESSIGNIFICAÇÃO

NÃO SUPRIMIR A EMOÇÃO E SIM APRENDER A CONVIVER COM ELA.

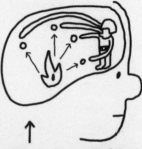

↑

USE A LINGUAGEM PARA DAR A ELA OUTRA INTERPRETAÇÃO

↓

EXEMPLO: ABRAÇAR O MEDO

← VERTIGEM QUE "DÁ" MEDO

VERTIGEM QUE "DÁ" PRAZER

PLANO DE TRABALHO

No primeiro capítulo, vimos que a conversa nos permite detectar erros de raciocínio e, assim, melhorar as decisões que tomamos. E, no segundo, que a despeito da intuição forjada na lama das redes sociais, boas conversas convergem em direção a sensatez, até sobre temas mais complexos da condição humana. Já no terceiro, que a narração de nossa história vai se enredando em um novelo que constrói a identidade. A linguagem é como um cinzel para esculpir, com boas doses de ficção, nossa narrativa autobiográfica. Eis aí seu poder e seu estigma. Ao chegar no quarto capítulo, mergulhamos nos átomos das conversas para revelar um princípio mais geral: as palavras formam uma matriz que organiza as ideias em âmbitos discrepantes como o tempo, o som ou as paixões. Uma vez formulados esses temas, assim como os experimentos e as histórias que nos levaram a eles, neste capítulo vamos seguir o exemplo dos antigos filósofos gregos, pensando a melhor maneira de usar o poder das palavras para assumir o controle de nossas emoções e, assim, "viver melhor".

Começaremos esta jornada estudando o poder das conversas de uma maneira bem diferente: o que acontece quando elas desaparecem? Não existe desamparo maior: a verdadeira solidão consiste em não ter com quem falar. Sem as boas conversas, pilares básicos da saúde ficam desregulados, do sistema imune a toda uma gama de processos metabólicos que incluem até a expressão de nossos genes. O sistema de controle cognitivo com o qual governamos nossas ideias e emoções também se degrada. A solidão costuma ser, então, um dos fatores de risco mais nocivos e negligenciados da saúde física e mental.

Do efeito nocivo causado pela ausência de conversas passaremos a falar de como sua prática pode ser um antídoto para certos venenos da vida emocional. Empreenderemos esta jornada combinando as intuições forjadas durante séculos no pensamento filosófico e na ficção com a ciência mais contemporânea para ver maneiras em que uma boa conversa melhora a regulação das emoções. A mais simples consiste em usar a palavra para nos distrairmos quando turvados por uma emoção. Outra opção é empregar uma palavra própria ou alheia para induzir um estado emocional. A ferramenta mais potente e menos conhecida é cunhar termos mais precisos e adequados para descrever e ressignificar emoções em uma paisagem mais livre e menos pixelada. Esses usos distintos do poder das palavras dividem a regulação emocional em três categorias: distração, indução e ressignificação. Penetraremos na intimidade do cérebro para compreender quando e por que cada uma delas é mais efetiva.

Vamos descobrir que a regulação das emoções depende do mesmo sistema de controle que governa a atenção e o pensamento, obtendo uma pista para compreender por que é tão pouco eficaz tentar sufocar voluntariamente uma emoção. É como tentar calar uma ideia: o mero fato de pronunciá-la internamente, mesmo que seja com a intenção de aplacá-la, a invoca. Compreenderemos deste modo por que a distração costuma ser efetiva no curto prazo, mas deixa marcas que podem ser medidas em indicadores corporais de estresse. Veremos que, por outro lado, ao ressignificar uma emoção, em vez de sufocar sua expressão, conseguimos vinculá-la a outros circuitos cerebrais e, assim, modificar o modo como a sentimos. Isso a torna a forma mais efetiva de utilizar o poder das palavras quando queremos governar nossa vida emocional.

Michel de Montaigne foi o último ser humano a falar latim como língua materna. Seu pai criou um mundo para ele nos confins de um castelo onde todos falavam latim, como se essa extravagância fosse a coisa mais natural do mundo. Aí tinha lugar seu *Show de Truman* particular. Além dos muros ficava um mundo obscuro de pestes e matanças. Educado nessa cultura descomunal e desconectado da realidade, Montaigne vivia em completa solidão. Até conhecer Étienne de la Boétie. Por fim alguém com quem conversar de igual para igual; uma alma gêmea. A boa fortuna não durou. De la Boétie morreu jovem e Montaigne, um prodígio da conversa sem interlocutor, enclausurou-se durante oito anos no castelo, falando consigo mesmo. Assim nasceu o gênero literário do ensaio.

A PALAVRA PRECISA, O SORRISO PERFEITO

Solidão não tem a ver com a quantidade de gente que nos rodeia. Podemos nos sentir isolados no meio de uma multidão ou com milhares de seguidores nas redes sociais. Estar sozinho é não ter com quem falar. E isso, por sua vez, como descobriu o neurocientista iraniano Bahador Bahrami, atrofia as regiões cerebrais que regulam a cognição social. Trata-se de mais um princípio reflexivo no centro cerebral: a percepção da solidão afeta o bom funcionamento de áreas cerebrais chaves para estabelecer laços sociais. A solidão convoca a solidão.

É apenas o começo de um ciclo nocivo. O desamparo desencadeia uma cascata de processos que condicionam nossa saúde física e mental, como falhas na resposta imune, aumento da pressão arterial e até alterações nos genes que expressam nossas células. A deterioração da saúde mental é ainda mais notória. A solidão aumenta a incidência de depressão, ansiedade, demência e déficit de atenção. Apesar de todos esses efeitos, continua sendo um dos fatores de risco mais ignorados. Em geral, tendemos a menosprezar o valor de um abraço e uma boa conversa.

Um dos estudos mais emblemáticos sobre os efeitos do isolamento foi realizado no início da pandemia da aids. Naquela época, mal se compreendia a fisiopatologia da doença, e a enorme variabilidade que apresentava de indivíduo para indivíduo era uma incógnita: matava de forma quase imediata algumas pessoas, enquanto outras eram capazes de suportá-la sem grandes estragos por um bom tempo. Entre os fatores que marcavam destinos tão dissimilares figuravam alguns previsíveis — como a preexistência de outras doenças autoimunes, cardiopatias e diabetes —, e também um fator inesperado: quando o paciente falava com confiança e liberdade sobre seus medos, dúvidas e circunstâncias. Este exemplo é particularmente relevante porque naquela época — assim como hoje — os pacientes de aids eram muito estigmatizados. Um dos primeiros trabalhos foi feito com homens homossexuais, muitos dos quais não só não podiam falar sobre a doença, como também, por sua mera orientação sexual, tampouco podiam falar livremente a respeito de suas vidas. No caso da aids, o fator da solidão na sobrevivência era de mais de um ano, em média. Pacientes que falavam abertamente sobre sua situação viviam mais e melhor do que aqueles que precisavam guardar segredo. *O estigma gera solidão, deixando o doente mais vulnerável exatamente no momento em que mais precisa de cuidados.* Essa ligação não é uma mera correlação: é possível melhorar a qualidade e o tempo de vida em muitas enfermidades simplesmente abrindo um canal de diálogo adequado e carinhoso. O simples fluxo das palavras leva à construção de um aparato cognitivo funcional que, por sua vez, é o fundamento de uma boa vida mental e emocional.

Quando um ente querido adoece, nós costumamos nos distrair. Esta reação se deve, em parte, ao desejo de negar a doença e, em parte, também ao medo ou à incapacidade de ver alguém num momento tão sombrio de sua vida. Convém permanecer alerta e não nos deixarmos levar por esse reflexo, lembrando como é importante estarmos presentes quando uma pessoa querida fica doente. Talvez não haja momento mais pertinente para expressar o amor e a amizade.

A palavra cura

A solidão não só condiciona a evolução da enfermidade, como também seu surgimento. A vacina da gripe é bem menos eficaz para os solitários. A imunidade opera na intimidade celular, na expressão dos genes e proteínas. Este mecanismo, em escala microscópica, muda com algo que parece muito distante: as palavras que encontramos para erradicar as possíveis toxicidades no ânimo, nas emoções e no desejo.

Como é construída a ponte entre escalas tão diferentes, entre as palavras e as relações sociais, de um lado, e as palavras e as moléculas da vida, de outro? Como é que a solidão desencadeia toda uma série de processos que afetam o sistema imune, a função vascular e até mesmo o volume e a forma do cérebro? Embora a ordem precisa desse efeito dominó seja difícil de elucidar, uma série de estudos revela as principais razões pelas quais o isolamento produz esse amplo repertório de problemas fisiológicos.

A primeira razão é muito simples: a conversa nos permite tomar decisões melhores no tratamento da doença. É mais um exemplo do que já vimos nos primeiros capítulos: as decisões sobre nossa saúde estão infestadas de erros e vieses. Costumamos ignorar e confundir sintomas, agir tarde, temer a intervenção, avaliar incorretamente quem é a pessoa mais competente para resolver um problema, interpretar mal algo que o médico falou.* Cada um desses erros resulta das decisões precipitadas que tomamos quando não podemos pôr os argumentos claramente sobre a mesa.

Conversar com os outros nos ajuda a resolver melhor os problemas lógicos e as decisões aproximadas. Pelas mesmas razões também nos permite tomar melhores decisões médicas. Essa é a faceta mais simples, mas não por isso menos relevante, do assunto.

A solidão também degrada o *sistema de controle* ou *de autorregulação*, uma rede distribuída pela parte da frente e de trás do cérebro mediante a qual controlamos nossas ideias e objetivos. A melhor demonstração desta degradação resulta de um experimento de atenção conhecido como "efeito da festa de coquetel". Uns mais, outros menos, todo mundo já se deparou com uma situação similar. Estamos conversando com alguém na barulheira de uma festa, sendo atravessados por conversas cruzadas. O pro-

---

* Uma vez, um traumatologista me recomendou repouso. Quando perguntei por quanto tempo, ele me olhou com ar confiante e disse: "Ah... um tempinho". Certamente o "tempinho" do traumatologista e o meu podem variar em ordens de magnitude, de alguns dias a muitos meses. Outra versão comum ocorre com o uso informal das probabilidades. O "muito provável" ou o "improvável" podem significar coisas completamente diferentes e dar lugar a grandes desencontros e decisões calamitosas.

blema começa quando uma delas menciona nosso nome ou os participantes dão gargalhadas e falam de temas picantes. Todos esses assuntos acabam sendo um grande ímã para a atenção, desatando uma batalha mental que torna evidente o mecanismo de controle e regulação: uma "parte" do cérebro se concentra nos fogos de artifício da conversa vizinha, a outra acompanha "nossa" própria premissa de ignorá-los e prestar atenção na pessoa a qual olhamos e que nos olha, em troca.

John Cacioppo, professor de psicologia social da Universidade de Chicago, projetou no laboratório uma versão da "festa de coquetel", onde cada ouvido escuta uma voz diferente. Não é uma batalha equilibrada: quase todos nós somos mais sensíveis à informação recebida por um dos ouvidos: destros pelo que vem da direita e canhotos pelo que vem da esquerda. Mudar essa propensão é complicado porque se trata de uma vocação automática do sistema de atenção, como também é difícil não olhar para alguém que ri, uma pessoa nua* ou o acidente na faixa ao lado. É claro que há aqueles que se mostram particularmente hábeis em governar a própria atenção, tanto no mundo visual e auditivo quanto na hora de tirar o foco da dor, do medo ou de uma memória obsessiva. Cada um desses elementos são expressões do sistema de controle que permite regular e manejar nossa experiência mental. A atenção é uma de suas raízes principais. Cacioppo mostrou que a capacidade de dirigi-la voluntariamente se deteriora nas pessoas que levam uma vida solitária. A solidão adoece, acima de tudo, porque destrói o sistema de regulação e controle cognitivo.

Hulk, a caricatura de uma paixão

A melhor forma de compreender o virtuosismo da regulação emocional é quando ela desaparece. Mas a supressão da vontade não é algo ao nosso alcance e, portanto, para explorar este abismo precisamos simulá-lo. Foi assim que a ficção se tornou um extraordinário laboratório para estudar a condição humana.

Quando o mestre dos quadrinhos contemporâneo Stan Lee idealizou o personagem de Bruce Banner, inspirado no romance de Stevenson, *O médico e o monstro*, ele nos apresentou a caricatura de um traço conflitivo e doloroso. Como seria nossa vida se não conseguíssemos controlar a ira?

Os raios gama que atingem Bruce Banner dão a ele uma peculiaridade espantosa. Ele é uma pessoa amável e aprazível até o estresse emocional transpor certo limiar. Então, perde completamente o controle e passa por uma transformação brutal. O Hulk

---

* A festa esquentou.

simboliza uma pessoa desregulada, alguém tão possuído pela ira que até muda de cor. A ira, mais do que perturbá-lo, transforma-o em outro, como sua célebre frase indica: "Não sou eu mesmo quando fico irritado". Passado o ponto sem volta, ele é incapaz de governar suas emoções e acaba involuntariamente causando mal a outros, inclusive a si mesmo.

A caricatura do Hulk revela os traços distintivos da ira. Em primeiro lugar, a aquisição de poderes físicos extraordinários que o preparam para a batalha. Este é seu lado "positivo". Tomás de Aquino, como vimos, advertia que a função da ira é erradicar o medo e convertê-lo em audácia. No lado "negativo", encontramos — fora, claro, o persistente dano que causa — a feiura. O verde-muco da ira *hulkiana* ilustra por oposição o motivo que levava os antigos gregos a levarem uma vida virtuosa: a vida regulada é bela. A expressão *kalos kagathos*, que significa algo como "belo e bom", mescla integridade e beleza como dois conceitos quase inseparáveis. Essa associação não é própria nem exclusiva dos gregos. De fato, hoje temos uma palavra mais simples que reflete esta combinação: *bonito*, que vem de *bom* e alude ao *belo*. O controle sempre é admirável: um malabarista sustentando vinte pinos no ar, um ciclista pedalando na beira do precipício ou a pessoa que conserva a calma numa situação de pânico extraordinário. Surpreendente e belo.

A exploração dos limites e consequências da regulação emocional é um dos combustíveis fundamentais da ficção. A crítica Parul Sehgal exemplifica isso da seguinte maneira: "Os romances são o laboratório em que o ciúme é estudado em todas suas formas possíveis. Na verdade, não sei se é um exagero afirmar que, se o ciúme não existisse, tampouco haveria literatura. Pois não haveria a infiel Helena, nem a Odisseia. Não haveria rei ciumento, nem *As mil e uma noites*. Não haveria Shakespeare. [...] Sem ciúme, não há Proust". Sehgal mantém que não só o ciúme é um tema onipresente na literatura, como, ainda por cima, também nos converte em romancistas: um telefonema não identificado ou a pessoa amada chegando mais tarde do que o esperado levam o ciumento a criar uma trama repleta de detalhes intrincados na qual só ele é a grande vítima. E nos damos particularmente bem em encontrar argumentos que componham um relato de coerência impecável, mesmo quando a narrativa não guarda a menor relação com a realidade. E, claro, acabamos acreditando nas lorotas extraordinárias que contamos a nós mesmos. Compreender que o ciúme se revigora no exercício literário é o primeiro passo para quem espera governá-lo. Assim como escritores escolhem sobre o que escrever, temos a liberdade de roteirizar a história que contamos a nós mesmos. E, a depender do caráter que dermos a essa narrativa, transformar o sentimento do ciúme em tranquilidade e confiança.

Na ampla literatura de regulação das emoções, Hulk é, portanto, apenas um exemplo contemporâneo. Do outro lado dessa linha do tempo, entre as primeiras narrativas e poemas, encontramos Ulisses. Ao empreender sua viagem de regresso a Ítaca, Circe avisa a ele sobre as sereias, cujo canto é tão magnético que enlouquece quem o escutar. Assim são as armadilhas do desejo. Os marujos tapam os ouvidos com cera e Ulisses lhes ordena que o amarrem a um mastro.* A solução empregada pela tripulação é a mais elementar, embora nem por isso menos efetiva: não ouvir a tentação. Mas Ulisses não quer silenciar o canto. Ele conhece e aceita seus próprios limites, os contornos do que pode ou não fazer. O "pacto de Ulisses", como até hoje se conhece essa estratégia, é um compromisso com o futuro assumido na serenidade do

---

* Teria sido mais conveniente se Ulisses desse as ordens antes de seus marinheiros untarem os ouvidos.

presente. Uma forma eficaz de resolver as armadilhas da Odisseia, que na realidade são as armadilhas da mente.*

Quase todo mundo tem dificuldade de ficar sem checar o celular a todo instante, como se a qualquer momento pudesse aparecer na tela uma notificação capaz de mudar o rumo de nossa vida. Claro, isso não costuma acontecer, mas a ilusão continua e, assim, frequentemente interrompemos momentos importantes da vida em troca dessa vã tentação. Jantando com um amigo e conversando sobre assuntos íntimos, sempre paira sobre esse espaço privado a ameaça dos celulares em cima da mesa, como as sereias de Ulisses entoando cantos irresistíveis. O mesmo é verdade nos poucos minutos em que um filho nos conta seus medos ou o melhor momento de seu dia. Faz anos que deixo o celular longe da sala quando janto com minha família. É meu pacto de Ulisses, que faço na serenidade do presente, admitindo minha própria incapacidade de governar o impulso de ignorá-lo se estiver a meu alcance.

* Em 2004, Alessandro Baricco desmontou e remontou a Ilíada para um projeto de leitura pública. Ele manteve as cenas e as imagens, mas eliminou as vozes dos deuses: "A Ilíada tem um forte esqueleto laico [...]. Por trás do gesto divino [...] quase sempre menciona um gesto humano".

A REGULAÇÃO EMOCIONAL

Com efeito, essas ideias antigas continuam sendo vitais para as versões mais modernas e contemporâneas da regulação emocional. Uma ciência incipiente construída a partir de velhas tradições, das narrativas homéricas à psicoterapia, que se fundem na ciência cognitiva, na psicologia experimental e na neurociência. Deste projeto, saíram as seguintes ferramentas para melhorar a vida emocional, já esboçadas no livro:

- Usar a palavra como distração quando alguma emoção cegante ocupa todo nosso espaço mental.
- Usar a palavra própria ou alheia para induzir estados emocionais. Usar uma história que evoque ansiedade, alegria ou medo.
- Cunhar palavras mais precisas e adequadas para poder descrever emoções em uma paisagem menos pixelada.
- Conversar para tomar decisões melhores, não se isolar e ficar doente nessa solidão.

Essas são quatro expressões distintas do poder das palavras que dividem a regulação emocional em quatro grandes categorias: *distração, indução, ressignificação* e *compaixão*. Analisaremos cada uma delas para explorar onde e por que são mais efetivas e potentes. Mas vamos antes vê-las todas juntas, condensadas numa única cena: o dia em que você virou herói.

O prelúdio do abismo

Semifinal da Copa do Mundo de 2014. No Brasil, Argentina e Holanda terminam empatadas em zero a zero e se preparam para a disputa de pênaltis. Javier Mascherano, capitão da seleção argentina, abraça o goleiro Sergio Romero com as seguintes palavras: "Hoje você vira herói". Nada além de quatro palavras, ditas num tom firme, com o olhar penetrante, no momento certo. "Chiquito" Romero defendeu o primeiro e o terceiro pênaltis da disputa, dois em três, muito acima da média, e conduziu a equipe argentina à final. Nesse dia, Romero virou herói.

Há inúmeros exemplos. A bola decisiva do campeonato que sempre chega a Michael Jordan sob o olhar atento de milhões de espectadores, entre um monte de adversários precavidos de que será ele e mais ninguém que resolverá o destino da partida no último segundo. Katie Ledecky, posicionada para a final olímpica no Rio. Parece uma cópia fiel das demais nadadoras, mas não é. Com energia sem igual, ela nada os quatrocentos metros mais rápido do que nunca e do que qualquer mulher na história e obtém uma diferença inalcançável de vários corpos sobre as outras competidoras. Nova York, 1999: de um lado da quadra está Serena Williams, com apenas dezessete anos; do outro, Martina Hingis, a número um do mundo. A partida é resolvida em poucos segundos, num *tie-break*. Serena saca, seis a quatro a seu favor, joga sem o pulso tremer e vence a primeira final de Grand Slam das vinte e três que obteria durante os quase vinte anos em que dominou o mundo do tênis. Rafael Nadal, final de Wimbledon 2008. Nas mais de quatro horas e meia da partida mais épica da história do tênis, Federer teve treze *break points*. Ganhou só um. Johannesburgo, no minuto cento e dezesseis da final do mundial de 2010. Faltando três minutos para a prorrogação, Andrés Iniesta recebe a bola dentro da área. Disse Iniesta, lembrando o gol mais importante da história do futebol espanhol: "Naquele instante, quando recebi a bola, descobri o silêncio. Havia milhares de pessoas no estádio, mas, *naquele momento, estávamos só eu e a bola. Só nós dois*". Freddie Mercury sobe ao palco diante do mar de gente em Wembley. Ele não se intimida com a multidão. Ela o enche de energia e o instiga a fazer o maior show da sua vida.

Jordan, Ledecky, Nadal, Iniesta, Federer, Mercury e Williams são parte do Olimpo por seu talento, esforço e destreza, mas talvez sejam, acima de tudo, por essa índole singular que permite a eles extraírem o melhor de si nos momentos mais difíceis. São fabulosos governantes de suas emoções. Conseguem canalizá-las lá, onde todos os demais falhamos. Assim como podemos aprender a regular as emoções estudando suas manifestações exageradas — como o Hulk —, também podemos aprender com esses virtuosos naturais da regulação. Como um atleta olímpico consegue dormir na noite anterior à competição? Como conseguem alcançar a concentração total no momento decisivo? Como se preparam para persistir, disputa após disputa, sem entregarem os pontos? Como recuperam a ambição para não entrarem em declínio após uma grande conquista?*

* Olhando para a frente.

O objetivo aqui não é fazer a gente se transformar em atletas olímpicos da gestão de medos e ansiedades. É algo mais modesto e realista: podemos virar heróis sem façanhas famosas, sem fanfarra televisiva, em nossa vida cotidiana. Basta conseguirmos dizer, finalmente, o que está entalado em nossa garganta, retomar aquele projeto que tanto amávamos, dominar a vergonha para nos declararmos a uma pessoa amada.

Preparar, esquivar, refletir, atenuar

Já conversei com diversos atletas na busca por respostas para essas indagações. De maneira sistemática, aparecem quatro caminhos, cada um deles corresponde com as vias de regulação emocional que acabamos de apresentar.

Em primeiro lugar estão os mantras, discursos motivacionais e predisposições. Aqui temos, por exemplo, o famoso *haka* — o ritual maori de cantos, gritos e posturas guerreiras que a seleção de rúgbi da Nova Zelândia realiza antes de cada partida, para se encorajar e intimidar o adversário — ou as quatro palavras de Mascherano. Rafael Nadal, um dos maiores tenistas da história, executa uma série de rituais gestuais antes de iniciar cada ponto: varre a linha, arruma a camiseta depois a cueca, assoa o nariz, prende o cabelo atrás da orelha esquerda, volta a assoar o nariz e então prende o cabelo atrás da orelha direita. A sequência o deixa em um estado mental de máxima concentração e rendimento.

Parece surpreendente que seja possível induzir, às vezes com tanta facilidade, um estado emocional. Mas é muito comum e simples; basta evocar uma imagem alegre para nós nos sentirmos bem, embora que apenas por um segundo. A regulação emocional começa, como no pacto de Ulisses, antes de experimentarmos uma emoção. Já veremos que essa ferramenta tem seus limites e manhas.

Uma segunda via para lidar com os terremotos emocionais é a distração. Um filme ou uma série com enredo ágil e viciante é capaz, por sua própria força, de arrastar a narrativa mental para fora do discurso monolítico que construímos quando algo nos preocupa em excesso. A distração das mídias sociais é ainda mais frequente, com o risco de encontrarmos precisamente a pessoa que mais queríamos evitar.

Em outras vezes, o controle emocional não vem da indução prévia de um estado mental resiliente, nem da distração com estímulos que competem com o medo. Esta terceira estratégia é bem diferente porque não pretende apagar a torrente de sensações, mas transformá-la em um estímulo revigorante. A Marvel tem sua caricatura desta variante no mutante Sebastian Shaw, personagem de X-Men que consegue absorver toda a energia direcionada contra ele e transformá-la para multiplicar sua força. Em algumas artes marciais, como o wing chun ou o aikido, também se alimenta o ataque com a força e os golpes do oponente.

Talvez esta seja a forma mais interessante e poderosa da regulação emocional. É o que se conhece como *ressignificação*. Trata-se de dar livre curso ao frio na barriga, ao tremor, ao aumento da frequência cardíaca. Afinal de contas, o corpo reage de forma automática e explosiva porque algo muito importante vai acontecer. O poder de Sebastian Shaw consiste em converter todas essas sensações em algo que nos dê força. Muitas vezes, basta uma mudança de palavra, nomear de outra forma este conjunto de sensações. Em vez de repetir automaticamente que sentimos medo, pensar que estamos entusiasmados.

Uma mesma sensação pode ser interpretada com signos linguísticos opostos. Em inglês, é frequente o uso de dois termos diferentes — *"fear"* e *"thrill"* — para indicar a mesma emoção.

Curiosamente, a tradução de "*thrill*" oferecida pelo Google é "emoção". Poderíamos atribuir à tradução automática esta imprecisão, que, entretanto, é própria da linguagem e das categorias vagas que as palavras estabelecem. De fato, o mesmo Google define "*thrill*" em inglês como "*a sudden feeling of excitement and pleasure*" (uma sensação súbita de empolgação e prazer) e dá como exemplo "*the thrill of jumping out of an aeroplane*" (a emoção de pular de um avião). Confesso que, no meu caso, a emoção prévia seria de pânico absoluto,* não empolgação e prazer. Essa ambiguidade nos dá a liberdade de nos convertermos em Sebastian Shaw. Ressignificar o medo e entender que anuncia algo fantástico, único, excitante. Que este agregado de explosões corporais é o testemunho mais intenso de que estamos vivos. Como o vento na cara.

Vejamos a quarta e última categoria da regulação emocional. Um tenista comete um erro garrafal em um ponto crucial, muito próximo ao final da partida, e começa a se penitenciar com frases

---

* A etimologia de pânico remete ao deus Pã, a quem são atribuídos os ruídos inexplicáveis da terra. Pânico no ar?

do tipo "A vida inteira jogando tênis e eu não melhorei nem um pouco!".* Já seu treinador e o público agem de forma bem diferente. Procuram animá-lo, dizendo frases como: "Vamos lá, não foi nada! Força, coragem!".

A voz que costumamos reservar aos outros é compassiva, acolhedora; a que usamos com nós mesmos julga e acusa, castiga quem já foi castigado. A esfera do "si mesmo" estende-se ao nosso entorno mais próximo. Muitas vezes, o lugar mais nocivo onde este vício se manifesta é com nossos filhos. Não há nada que eu queira mudar mais do que o impulso de me irritar com eles quando tropeçam; de corrigi-los e repreendê-los por serem demasiado distraídos ou descuidados. Tenho muita clareza de que este é um momento de abraçar, não de julgar. Apesar disso, às vezes esqueço. Para mim, o mais belo de uma vida regulada é não deixar o Hulk dar o ar da sua graça quando alguém que amo tanto precisar, acima de tudo, de um abraço.

Veremos cada um desses princípios em detalhe, revisaremos sua ciência para compreender quando e por que são mais efetivos, como se combinam e como praticá-los. Não existe receita mágica. Assim como não existe uma frase capaz de nos converter de uma hora para outra em grandes poetas ou tenistas, tampouco existe uma capaz de nos transformar instantaneamente em grandes pilotos da nossa mente. Com a prática vem a melhora e, muitas vezes, basta uma pequena mudança para proporcionar à vida co-

---

* A referência é Gastón Gaudio, fonte inesgotável de bom tênis e frases memoráveis como estas: "Para quem eu mentiria, imbecil? Para quem eu mentiria? Sou um grandíssimo filho da puta, para quem eu mentiria? Para quem eu mentiria, caralho, hein?" ou também "Não vai meter nem um saqueizinho filho da puta do caralho aí não, é?", e inclusive "Quero voltar pra casa, que porra eu tô fazendo aqui, imbecil? Sofrendo com esse cara, pra quê?".

res mais interessantes e desfrutáveis. É a razão de ser deste livro, que começou com uma viagem pessoal, com o desejo de moderar alguns excessos de medo, ira, falta de compaixão e ciúme que às vezes perturbam os cantos mais encantadores de minha vida. Desconfio que, nisto, somos todos parecidos.

Plante uma emoção

Para entender a indução, convém revisar a natureza das emoções que examinamos no capítulo anterior. Uma emoção é um agregado preciso de experiências: a sensação consciente, suas respostas fisiológicas, os gestos que usamos para comunicá-la e os acontecimentos que a acionam. Já o vimos com o *liget*, cuja estranheza não estava em nenhum dos traços que definiam separadamente esta emoção, mas no conjunto.

Uma vez vislumbrada a combinação de expressões que acompanha uma emoção, a seguinte pergunta foi formulada pelo grande psicólogo estadunidense William James há cerca de cento e cinquenta anos: o que vem primeiro, a sensação ou as mudanças fisiológicas? Achamos que primeiro experimentamos a emoção — o rancor, a alegria ou a tristeza — e, depois, a expressamos. Da mesma maneira que formulamos uma ideia e só então podemos comunicá-la. Mas não é assim. O cérebro lê estados corporais para descobrir ou construir as emoções que sentimos. Rimos, logo, estamos felizes; se rangemos os dentes, deve ser porque estamos irritados. Da mesma forma como reconhecemos pelos gestos corporais as emoções alheias, o cérebro também utiliza o corpo para inferir suas próprias emoções.

As expressões de uma emoção formam um circuito retroalimentado e, justamente por isso, reflexivo. A centelha pode ser acesa em qualquer ponto. Pode ser iniciada com o sentimento suscitado por uma notícia recebida, desencadeando, por sua vez, um choro desconsolado. Mas também ocorre o contrário. Se alguém ri no meio de uma comoção, o cérebro pode registrar isso sem notarmos conscientemente e acionar, mediante o sistema de neurônios espelho — que imita automaticamente as reações alheias —, a sinalização motora para produzir um sorriso. Isso, por sua vez, gera uma sensação de felicidade que não procede de nenhuma notícia, e sim da indução por mero contágio das expressões corporais de quem nos rodeia.

O exemplo paradigmático dessa ideia vem do célebre experimento realizado em 1988 pelos psicólogos alemães Fritz Strack e Sabine Stepper. Os participantes veem uma série de tirinhas e avaliam até que ponto são engraçadas. Uns fazem isso segurando um lápis entre os lábios e, outros, entre os dentes. Essa sutil diferença muda por completo a configuração dos músculos do rosto, de tal forma que o lápis entre os dentes se assemelha à expressão produzida durante um sorriso. Por outro lado, segurando-o com os lábios, produzimos uma expressão reminiscente da irritação.

Os resultados de Strack e Stepper mostraram que as tirinhas eram consideradas mais engraçadas quando avaliadas pelos que seguravam o lápis com os dentes, fazendo uma careta semelhante a um sorriso. Eis aí uma demonstração simples e contundente de como é possível dar cor à experiência mental. O mundo parece mais divertido à luz de um *filtro* muscular que alarga a boca para fundir a experiência ao esboço de um sorriso.

Há uma versão ainda mais simples e relevante do experimento de Strack e Stepper que qualquer um pode levar a cabo. Basta segurar um lápis entre os dentes para perceber, quase de imediato, uma sensação de alegria. Essa é a força indutiva pela qual os gestos são capazes de implantar uma emoção. Essa experiência tem, é claro, seus limites. A alegria vai rapidamente embora e, para mantê-la viva, é exigido um esforço muscular que nunca sentimos quando rimos de forma natural e espontânea. A emoção induzida, além disso, é fora do tom e soa um pouco impostada.

O experimento de Strack teve milhares de follow-ups no mundo acadêmico. Um deles é similar ao que vimos acerca dos efeitos da solidão na saúde. As psicólogas Tara Kraft e Sarah Pressman mostraram que mimetizar uma risada não apenas produz uma sensação de alegria (como qualquer um pode comprovar) ou nos faz achar as coisas mais engraçadas (como mostrado por Strack), mas também melhora a resposta fisiológica ao estresse. Ou seja: em certa medida, cura.

Um dos follow-ups mais importantes do experimento de Strack foi feito trinta anos depois. Ele ocorreu no curso de uma revolução na psicologia social conhecida como *projeto da crise de reprodução*, que se propôs a revisar um monte de experimentos que se transformaram em grandes dogmas científicos e que, entretanto, se baseavam em dados escassos e, às vezes, enviesados. O experimento de Strack foi reproduzido em dezessete países com uma amostragem vinte vezes maior do que a original, e com o cuidado extra de registrar todo o processo em vídeo. Com esses controles rigorosos, o efeito de indução desapareceu: os desenhos pareciam igualmente engraçados com o lápis entre os dentes, formando um sorriso, quanto com o lápis entre os lábios, produzindo uma expressão de irritação.

Ainda que continuassem a ser repetidas no âmbito da divulgação, as conclusões originais de Strack pareciam ter sido terminantemente refutadas. Alguns anos depois, contudo, Tom Noah e Ruth Mayo descobriram que a discrepância entre as duas versões do experimento devia-se a um efeito inesperado. A *culpa* era da câmera utilizada na segunda versão para controlar melhor o processo. As expressões faciais influenciam como percebemos uma história, mas o poder reflexivo de um sorriso é frágil e a simples presença de uma câmera faz ele desmoronar. Existe um exemplo cotidiano no qual isso se evidencia: quando nos pedem para sorrir em uma foto. Mais que alegria, o sentimento é de angústia e incômodo. A mesma careta, a mesma expressão, e resultados completamente distintos. O contexto decide e essa é, precisamente, a segunda receita do processo de indução de uma emoção.[*]

Vimos três experimentos, cada um dos quais tem diferentes raios de alcance distinto. Primeiro vem o que qualquer um pode fazer mordendo um lápis para induzir uma sensação; a seguir o de Strack, onde é demonstrado que um simples gesto permite mudar a forma como percebemos o mundo; e, por último, o de Kraft e Pressman, mostrando que viver sem cara feia é um bom

[*] Incluí o detalhe desta história porque ele exemplifica a complexidade do processo científico. As premissas e os experimentos são, muitas vezes, mais simples que a interpretação de seus resultados. Sobretudo em um universo tão rico e variável como o humano. A ciência não prega verdades, apenas oferece aproximações da realidade, que convém encarar com um ceticismo saudável.

antídoto para o estresse. Isso liga a indução à distração, e assim começamos a perceber como as premissas da regulação emocional podem ser recombinadas.

Nesse percurso também encontramos um limite intrínseco dessa forma de regulação emocional: a felicidade induzida por um sorriso impostado é efêmera. Se queremos pensar na indução como uma ferramenta para regular a vida emocional, é necessário tocar nessa questão. A possibilidade mais simples é utilizá-la apenas quando não precisamos que o efeito seja duradouro, como nos rituais de Nadal para obter concentração máxima pouco antes do saque. Uma segunda possibilidade, mais desafiadora, é pensar em como induzir estados emocionais que persistam com o tempo. A solução surge de uma versão do experimento de Strack, mais do que conhecida entre comediantes. A faísca da risada é difícil de obter, mas, uma vez acesa, o fogo se alastra. A mesma piada tem efeitos bem diferentes se for contada antes ou depois de produzido esse ponto de inflexão: num caso, gargalhadas; em outro, apenas silêncio. Por que nossa percepção muda tanto? A resposta é: contágio. O ciclo agora não é mais entre o cérebro e o corpo de uma pessoa, mas de um grupo. E isso acrescenta uma segunda ressonância, como um coro em uma igreja de ecos reverberantes. A indução, que predispõe alguém a rir em fogo baixo, faz o mesmo com seu vizinho, depois com o vizinho dele e assim por diante. Somos lenha para o fogo da risada.*

O experimento de Strack nos permite elaborar uma receita simples mas efetiva para a vida cotidiana: cercar-se de pessoas com bom humor. O aumento da risada espontânea produz bem-estar

---

* Em 1994, a risada de Hortensia Gutiérrez del Álamo se propagou entre os parlamentares andaluzes até obrigar seu presidente, Diego Valderas, a suspender a sessão. Impossível ver o vídeo sem se contagiar.

geral e melhora muitos indicadores da saúde, os mesmos que a raiva põe em risco. Erika Rosenberg demonstrou que os problemas dos pacientes com cardiopatias se agravam se eles vivem irritados ou, para dizê-lo com todas as letras, com cara de bunda. As expressões corporais das pessoas com quem convivemos induzem mimeticamente as que adotamos e isso, por sua vez — como um teatro da comédia —, muda nossa percepção do mundo.

A *distração e a atenção*

A distração é a ferramenta de regulação emocional mais intuitiva de todas. Também é a que mais combina com a preguiça e, portanto, a que mais usamos e abusamos; seu uso já figurava entre as antigas recomendações aristotélicas. Minha intenção aqui não é revisar sua história, e sim recompilar o que descobrimos mais recentemente sobre ela para utilizá-la no devido tempo e da forma apropriada.

Não precisamos invocar a distração para que ela aflore. No meio de uma leitura, é comum percebermos de repente que passamos um bom tempo desconectados do livro.* Os olhos percorrem o texto palavra por palavra, inclusive desacelerando seus movimentos em trechos complicados da leitura, enquanto a mente divaga segundo seu próprio arbítrio. Ao chegarmos à última palavra da página, as pontas dos dedos pegam o papel com delicadeza e os olhos voltam a percorrer, palavra por palavra, os parágrafos da nova página. A mente, contudo, está em outro lugar, a ponto de não fazermos a menor ideia do que acabamos de ler. Este é um exemplo fantástico de distração. Em plena vigília, a mecânica do corpo se separa da experiência consciente. Os olhos registram as palavras enquanto a consciência se enche de devaneios. Não costumamos pensar assim, mas trata-se de um poder incrível que permite que nos desconectemos por completo da experiência sensorial. O problema desse poder é sua imprevisibilidade. Parece quase impossível ter esses sonhos diurnos ao bel-prazer. Se nos propomos a nos distrair da leitura, jamais seremos capazes de abstração suficiente para deixar de processar as palavras que lemos.

Michael Posner, um dos pioneiros da ciência cognitiva, esmiuçou exaustivamente os mecanismos da *atenção*, outro conceito cuja granularidade costuma nos confundir. Usamos o termo coloquialmente para nos referir à necessidade de concentração em sala de aula, para permanecermos alertas ou vigilantes, para ressaltar algo que foi dito ou até para nos referirmos a alguém que não se interessa em nós, que não "presta atenção" em nós. Em cada um destes casos, trata-se de atenções distintas, compostas de muitas peças.

* Você seria capaz de dizer o que leu na página anterior?

Posner levou o estudo da atenção à esfera da ciência e, em um trabalho minucioso, quase de relojoeiro, conseguiu identificar suas quatro engrenagens principais:

1. **A orientação exógena.** Uma porta se abre de repente, escutamos um disparo, alguém nos toca ou nos chama de forma imprevista, algo cai do nosso bolso, um pedestre aparece na frente do carro quando estamos dirigindo. Em cada um desses exemplos, o foco mental muda involuntariamente. Esta é uma forma exógena de dirigir a atenção. Uma das funções do sistema atencional.
2. **A orientação endógena.** É a capacidade de dirigir a atenção por vontade própria. Queremos ler um outdoor à distância e direcionamos a esse ponto todo o esforço visual. Um motorista enfrenta pela primeira vez o trânsito da cidade e se concentra ao máximo. Podemos comparar este estado mental ao que sentiria a mesma pessoa, anos depois, voltando a percorrer o mesmo caminho, absorto em devaneios. As primeiras vezes costumam ser um dos grandes focos da orientação endógena da atenção. Por isso são tão memoráveis.
3. **Manter a atenção.** Um aluno da classe de matemática está concentrado e, com o tempo, começa a ficar entediado. Aí começa uma luta para que sua atenção não se desvie, onde intervém um dos mecanismos básicos do sistema atencional.
4. **Desviar a atenção.** Uma ideia obsessiva, uma discussão no trânsito que se retroalimenta, um capricho, um jogo, tudo que reconhecemos como viciante. Às vezes, a mente fica aprisionada em um poço e é necessário este circuito do sistema atencional para libertá-la.

Posner descobriu que cada uma dessas funções envolve sistemas cerebrais independentes que, além do mais, se desenvolvem em momentos diferentes da vida. O primeiro a se pôr em marcha é o sistema que permite orientar a atenção de maneira exógena, enquanto as redes que regulam a capacidade de desviar a atenção demoram muito mais tempo para amadurecer. Um exemplo claro dessa defasagem é o choro incessante de um bebê, ao qual os pais primeiro reagem suplicando que pare, até descobrirem, à custa de fracassos e noites insones, um truque muito mais efetivo: oferecer ao bebê outro estímulo para atrair sua atenção. E então, como num passe de mágica, o choro cessa. Em muitas ocasiões (ainda que nem sempre, claro), a persistência do pranto não tem outra explicação além da simples inércia. Nessa idade, somos tão capazes de concentrar nossa atenção em um estímulo exógeno quanto incapazes de desviá-la voluntariamente.

Identificar os elementos constitutivos do pensamento nos ajuda a ter relações mais fluidas. Nenhum pai pediria ao filho de seis meses de idade para correr. Pelo mesmo motivo, conhecer o desenvolvimento da atenção também pode evitar que um pai peça o impossível ao filho: que pare de chorar por vontade própria.

Como acontece com quase todas as faculdades cognitivas, as que se desenvolvem mais cedo são mais persistentes e deixam vestígios que se manifestam pelo resto da vida. A assimetria no sistema atencional é resolvida com a idade, mas persiste. Não é fácil desviar a atenção de algo que nos deixa profundamente obcecados, magoados ou irritados. A distração continua sendo bem mais simples.

Aqui reaparece a ideia da mente que divaga em plena leitura. A distração é rudimentar se invocada voluntariamente. Em troca, ela se torna muito mais efetiva quando segue um estímulo que a magnetiza. Quais estímulos possuem tamanha capacidade de atração? Açúcar, drogas, pornografia, televisão, mídias sociais, videogames.[*] A oferta é abundante. Às vezes, para nos distrairmos de alguma dor, tristeza ou medo, precisamos de combustíveis que sejam tão eficazes para desviar a atenção que a cura é pior do que a doença. Por isso, durante uma depressão, crise de ansiedade ou transtorno de estresse, esses vícios cobram um alto preço da nossa saúde.

Quem já sentiu uma dor muito intensa sabe que não existe estímulo, por mais poderoso que seja, capaz de nos distrair. É neste momento que compreendemos que esta forma de controle mental tem seus limites. Este pequeno gesto de humildade pode nos salvar reconhecendo que chegou a hora de provar outras ferramentas para regular nossos sentimentos. O nível seguinte é construído sobre a palavra e pode ter uma força fantástica. Trata-se da ressignificação: a capacidade de mudar a interpretação do que sentimos, para torná-lo mais aceitável.

---

[*] No Twitter viralizou a seguinte correlação: Tinder é a luxúria; Instagram, a inveja; Amazon, a avareza; Twitter, a ira; Netflix, a preguiça... Cada plataforma um pecado capital. Esta lógica é um guia para certas pessoas que só investem em uma empresa se percebem que seus produtos são combustível para algum desses vícios.

A construção do medo

Quando meus sobrinhos tinham oito e dez anos, viajamos juntos de Buenos Aires a Madri. Em algum momento, passado o norte do Brasil e já sobre o Atlântico, atravessamos uma turbulência que começou a sacudir violentamente o avião. Agarrei os apoios de braço* e desejei com todas as forças que tudo terminasse rápido, então lembrei dos meus sobrinhos e imaginei que deviam estar aterrorizados. Respirei fundo para aparentar a maior calma possível e me virei para transmitir eles essa tranquilização

---

* Eu os conquistara seguindo a máxima de Christoph Niemann: "Se quero contar a história de nossas lutas da vida moderna, começaria com o apoio de braço entre os assentos do avião e um par de cotovelos a disputá-lo. Adoro que exista esta lei universal segundo a qual, como sabem, você tem trinta segundos para conquistá-los e, uma vez seus, eles lhe pertencem pelo resto do voo".

impostada. E então os vi: sacudiam os braços, jubilosos, aos gritos de "Montanha-russa, montanha-russa!".

Na queda livre de uma montanha-russa, ficamos com as entranhas reviradas, nossos batimentos disparam e gritamos em um pânico atroz. Por que voltamos? Por que pagamos para sentir medo? Precisamente porque a montanha-russa é o lugar onde descobrimos que o medo pode se converter em prazer.

Desde aquela viagem a Madri, a imagem de meus sobrinhos sacudindo os braços a dez mil metros de altura se tornou uma espécie de mantra para mim: "Montanha-russa, montanha-russa". A poção não é mágica, nem imediata, mas funciona. A cada turbulência de avião, penso que sou um passageiro nos primórdios da aviação que aguardou na fila para subir a bordo desta atração fabulosa na qual uns mastodontes de asas são alçados ao céu, e me sinto bem melhor. Às vezes chego até a desfrutar do voo. A fórmula funcionou também em muitos outros contextos e situações, sobretudo naqueles que, mesmo sem oferecer risco, evocam reflexos e medos viscerais. Por exemplo, algumas das palestras mais importantes que dei ou o primeiro show da minha vida.

Transformar o medo em prazer. Como é possível? A ressignificação é misteriosa e bem menos intuitiva que a distração. E é assim pois exige que desaprendamos associações muito arraigadas: as experiências corporais do medo, da raiva ou da tristeza estão tão ligadas a sensações que parecem inseparáveis. Mas não são. Vejamos isso primeiro com um exemplo que é quase único no mundo.

O escalador Alex Honnold costuma contar como resolve o medo quando sobe sem o uso de cabos por paredões verticais e fica pendurado de uma saliência mínima a centenas de metros do chão. Mas, claro, antes de se atrever a tal feito, Honnold realizou muitas dessas rotas com cabos para calcular o grau de risco com grande precisão. A singularidade desse escalador não reside em enfrentar desafios descomunais, e sim no virtuosismo técnico que permite que ele reduza o risco dessas subidas a valores razoáveis. O ator supera o medo de palco, o piloto de fórmula 1 o medo da velocidade, o piloto de avião o medo de turbulência e o cirurgião, o choque de ver um corpo sangrando. Da mesma forma, um escalador especializado converte seus passeios por precipícios em um hábito que, graças à prática e à experiência, assumem sua medida justa de risco.

O medo de altura parece ser universal e inato, enraizado em nossos genes como um princípio básico de sobrevivência. Mas não é. Como tantas outras emoções, aprendemos a atribuir ao medo um significado. Quem descobriu isso foi a doutora em psicologia Karen Adolph, por meio de curiosos experimentos em que fazia crianças bem pequenas atravessarem pontes de diferentes alturas.* Adolph descobriu que o medo de altura é aprendido com a experiência. Os bebês primeiro caem e só então aprendem a ter medo de cair, não o contrário.

Quando um bebê começa a engatinhar, atira-se de qualquer altura sem o menor lampejo de medo. Algumas semanas depois, quando já passou um tempo percorrendo o mundo de quatro, começa a dar mostras de compreender o risco do abismo. Ele para na beirada e o explora. Com o tempo, fica mais precavido até que, com precisão quase adulta, intui se está ou não preparado para superar determinado obstáculo. Parece que aprendeu a ter medo de altura, mas não é bem assim.

Meses depois, quando dá seus primeiros passos, o processo se repete. Nessas caminhadas iniciais, ele volta a se atirar de corpo

---

* Pelo menos metade das crianças sobreviveu aos testes. Estou brincando, claro. Na realidade, a taxa de sobrevivência foi superior a 90%. Brincadeira. Nenhum participante correu risco. A única coisa em perigo aqui é o humor.

e alma no vazio,* como se tudo que aprendemos engatinhando fosse esquecido quando começamos a andar. E, outra vez, com o passar das semanas, começa a caminhar com mais cuidado e atenção. Algo parecido acontece fora do terreno experimental. Quando começa a caminhar, um bebê cai cerca de quarenta vezes por hora. E quase sempre se recupera rápido e continua a brincar como se nada tivesse acontecido. Cair é o mecanismo natural para descobrir e aprender sobre o perigo. Corresponde a dizer que o medo de altura não é inato, e sim aprendido com a experiência. Em cada domínio do movimento, calculamos a probabilidade de cair e, com base nesta medida do risco, construímos o medo.

A vertigem que a grande maioria dos adultos compartilha se cozinha em fogo baixo. Honnold é único, mas não em sua capacidade de manter a calma nas alturas. Nesse bairro mora muita gente. Há os trapezistas, os atletas que se elevam a vários metros no salto com vara, os paraquedistas... Todos aprenderam algo que, para os demais, parece impossível: considerar a altura em sua medida justa de risco — como faz a maioria, por exemplo, ao atravessar a rua.

A ilusão oposta também acontece: situações perigosas em que ignoramos o risco. Neste caso, trago um exemplo de minha experiência pessoal. Com vinte anos, viajei ao Parque Nacional Tayrona, no norte da Colômbia, um dos lugares mais bonitos que já conheci. No Tayrona caminha-se por dias inteiros entre selvas, praias tropicais e relíquias arqueológicas. Essa paisagem onírica é percorrida sob uma chuva de cocos que despencam, grandes e pesados, de vários metros de altura. Mas ninguém dava a mínima. Exceto eu. Imaginei que ninguém andaria por uma rua onde as pessoas atirassem pedras das sacadas. Ali ocorria algo similar, no

---

* Como acontece com qualquer um que passe pelas barracas de comida da Avenida Costanera.

entanto, todo mundo parecia completamente despreocupado; a magia da selva ocultava este perigo e o ressignificava. A história é tão bem construída que, ao me aproximar do guarda do parque e indagar sobre a questão dos cocos, ele soltou uma resposta pronta: "O coco sabe quando cair". Tenho uma lembrança vívida do contraste entre sua calma e minha enorme intranquilidade. "O coco sabe!" Voltei para Santa Marta, na entrada do parque, onde encontrei um capacete de obra e percorri assim a selva do Tayrona, ridículo mas feliz. Quando voltei, por pura curiosidade (talvez para encontrar argumentos que me deixassem menos isolado no medo e no ridículo), pesquisei sobre o assunto e descobri que o coco nem sempre sabe exatamente quando cair, e produz, na verdade, uma boa quantidade de acidentes. Muitos deles fatais, como assinala P. Brass em um célebre artigo publicado no periódico *Journal of Trauma* intitulado "Traumatismos causados por queda de cocos".

Os casos do coco e da vertigem são exemplos opostos do mesmo fenômeno: a construção de narrativas para modular o medo. É possível aumentá-lo onde o risco é ínfimo ou, pelo contrário, dissipá-lo onde é alto. Por isso existem tantas fobias esquisitas que a maioria acha incompreensíveis.* Um ótimo exercício de

---

* Nas *Histórias de cronópios e de famas*, Julio Cortázar conta o seguinte: "Várias vezes a família tentou fazer minha tia explicar com alguma coerência seu temor de cair de costas. Certa noite, após um copinho de hesperidina, titia concedeu em insinuar que, se caísse de costas, não conseguiria voltar a se levantar. À elementar observação de que trinta e dois membros da família estavam dispostos a acudi-la, respondeu com um olhar lânguido e duas palavras: 'Tanto faz'. Dias depois, meu irmão mais velho me chamou no meio da noite para mostrar uma barata caída de costas debaixo da pia, na cozinha. Sem dizer nada, assistimos à sua luta vã e prolongada por se endireitar, enquanto outras baratas, vencendo a intimidação da luz, circulavam pelo piso e passavam roçando pela que jazia em posição de decúbito dorsal. Fomos dormir sentindo uma profunda melan-

empatia e compreensão consiste em não julgar nem desdenhar desse medo e, mais ainda, entender que o terror é sempre real para quem o sente. Cuidar e proteger os outros passa a ser muito mais natural quando temos isso em mente.

Granularidade e ambiguidade

O que vale para o medo também vale para as outras emoções. Já antecipamos o motivo no começo do livro: a força reflexiva das palavras. Podemos converter a frustração em raiva, a raiva em tristeza, a tristeza em alegria. Em cada um desses exemplos, as sensações viscerais podem ser idênticas, como em uma figura ambígua na qual vemos coisas completamente diferentes.

colia. Ninguém voltou a questionar a tia; limitamo-nos a aliviar seu medo na medida do possível, acompanhá-la a toda parte, dar-lhe o braço e comprar-lhe uma quantidade de sapatos com sola antiderrapante e outros dispositivos estabilizadores. A vida prosseguiu assim, e não era pior do que outras vidas".

Esta analogia nos permite identificar três princípios das imagens ambíguas que têm sua correspondência no mundo das emoções: 1) algumas são bem mais ambíguas que as outras; 2) faz falta ter certo conhecimento para alternar entre uma e outra interpretação; 3) cada um tem seu viés e *vê* imediatamente uma das duas imagens. No mundo das emoções, o mesmo acontece: 1) algumas são mais propensas a serem confundidas que outras, como vimos quando examinamos a roda de Plutchik; 2) para ressignificá-las, é necessária uma boa dose de prática e aprendizado, a mera vontade não basta; 3) cada pessoa tem suas propensões e costuma ter algum sentimento que domina sua experiência emocional.

Este último caso explica por que a direção em que cada um procura regular suas emoções parece ser tão arbitrária. O que fazer: converter a tristeza em raiva ou a raiva em tristeza? Não há, claro, uma única resposta para essa pergunta, que parece regida pela máxima de Paracelso: a diferença entre a droga e o veneno é a dose. O mesmo pode ser dito das emoções: cada um procura sua dose justa.

Da perspectiva do Hulk e dos que se identificam com seus excessos, parece desejável aplacar a ira. Para outros, por sua vez, o mais desejável pode ser transformar a vida emocional para extravasar a raiva. A escritora e ativista Soraya Chemaly faz uma ode à raiva como uma emoção que foi estigmatizada em grupos oprimidos. Chemaly conta que, nos Estados Unidos, a raiva de pessoas negras e de pessoas brancas são interpretadas de forma radicalmente diferentes, e que meninas aprendem que a raiva é masculina e a tristeza, feminina.

A história não é nova. Platão já escrevia em *A república* que a expressão pública da tristeza não é coisa de homem, e também passava uma pauta de regulação emocional que continua valendo: o teatro. "Até os melhores dentre nós", afirmou o filósofo, sentem empatia e sofrem ao ouvir Homero e "louvamos como bom poeta o homem que mais nos coloca neste estado". Ou seja, "homens de verdade" não choram "na vida", mas encontram no teatro um espaço para exercitar essa emoção.

Cada cultura tem suas parcelas de expressão emocional. Algumas são próprias de um grupo — crianças, homens, mulheres — e outras se delimitam de acordo com o espaço de trabalho: um juiz não pode se comover, um comissário de bordo tem de mostrar calma e um vendedor deve ser alegre. Para não mencionar as carpideiras contratadas para chorar em velórios e o público pago para rir na televisão. Em outras situações, como ocorria no teatro grego, a expressão de algumas emoções é *aceitável* apenas no âmbito privado.

Vale repetir a pergunta, agora em primeira pessoa: será que *eu* quero transformar a tristeza em raiva ou a raiva em tristeza? Uma boa olhada no espelho das emoções ajudará a identificar qual emoção nos ofusca e qual brilha por sua ausência. A finalidade da ressignificação e do uso da palavra para regular e educar a vida emocional não é formar uma humanidade monocromática, sem ira nem tristeza. Muito pelo contrário: trata-se de encontrar uma representação mais granular das emoções, que nos permita enxergar sua versatilidade e suas superposições, e nos proporcione maior controle sobre quando e como sentir medo, raiva, felicidade, tristeza, ciúme ou surpresa.

A granularidade do espaço emocional não é uma ideia nova. A filósofa Mariana Noé, que estuda em Nova York as emoções da

Grécia antiga, sugere que Aristóteles foi o primeiro filósofo granular. Aristóteles enumera as virtudes humanas e seus vícios correspondentes segundo o excesso ou falta. A amizade é uma virtude flanqueada pela descortesia e pela complacência excessiva. Entre a covardia e a precipitação fica a coragem. Na tabela resultante, porém, uma casa permanece vazia: entre a ambição e o desinteresse há um grau justo (digamos, uma ambição moderada) para o qual, conforme observou Aristóteles, não existe palavra que a descreva. O assunto fica muito mais interessante quando as traduções entram em jogo. Em espanhol não há um termo adequado para designar o centro virtuoso entre a humildade e a vaidade.* Também não fica claro qual é a virtude situada entre a mesquinhez e o esbanjamento nem qual é o ponto intermediário entre não ter humor e ser um palhaço. Em geral, é difícil encontrar a palavra certa para descrever uma virtude.

* O termo "magnanimidade" chega perto, mas parece aludir mais à generosidade. Também se emprega às vezes a palavra "orgulho", mas em quase todas as acepções ela está bem mais perto da vaidade que do meio termo justo. Qual delas ou que outra palavra capta melhor esse espaço emocional intermediário?

O cérebro que ressignifica

Agora é nossa vez de tirar proveito da ciência que floresceu nos últimos anos, cujos resultados mostram que a ressignificação é uma das ferramentas de regulação emocional mais efetivas e versáteis que existe. Compreender seus limites e particularidades permite-nos utilizar da melhor forma possível esse cinzel para esculpir nossa experiência mental.

A ressignificação emocional foi, por mais de um século, assunto da psicoterapia. Há cerca de trinta anos foi desenvolvida uma abordagem científica que possibilitou elucidar seus mecanismos. Um dos grandes pioneiros dessa ressurreição no âmbito da neurociência é James Gross. Com seus alunos e uma tropa de colegas, ele realizou uma infinidade de experimentos que compõem um fabuloso manual enciclopédico. Vou tentar esboçar as ideias essenciais que surgem nesses anos de estudo tão intensos.

O experimento típico funciona assim. No laboratório, os participantes observam imagens ou vídeos de alta intensidade emocional. Um grupo simplesmente observa; outro tenta se distrair e o terceiro deve ressignificar as emoções observadas.

O primeiro resultado desses experimentos foi que a distração é efetiva como ferramenta para atenuar a experiência subjetiva de uma emoção negativa ou da dor, mas cobra um preço muito alto do corpo. Distrair a atenção de uma emoção produz, paradoxalmente, uma reação física mais vigorosa, com um aumento do ritmo cardíaco, da resposta ao estresse e da vasoconstrição. É a demonstração fisiológica de uma intuição que nada tem de nova. Vincula-se à ideia da repressão em várias teorias psicodinâmicas, incluídas nelas, sem dúvida, as de Sigmund Freud. Varrer a sujeira para baixo do tapete funciona momentaneamente, mas deixa cicatrizes.

A ressignificação, por sua vez, gera efeito igual — ou até maior — e atenua a experiência subjetiva sem acúmulo de estresse e sem que continue a se alastrar pelo corpo o fogo interno que engatilhava essa emoção. Aqui percebemos também o valor desses estudos, mostrando que, embora as duas ferramentas sejam parecidas na superfície da vivência emocional, elas diferem em outro agregado de expressões invisíveis a *olho nu*.

Vamos viajar novamente à intimidade do cérebro para ver o que acontece no exato momento em que alguém tenta mudar a experiência de uma emoção. O objetivo vai muito além de localizar as regiões ativadas com determinado comportamento. Este exercício cartográfico, no meu entender, não contribui em nada. A motivação é identificar, tal como fez Michael Posner com a atenção, as *funções* orquestradas nesta façanha cognitiva. Ou seja: a observação do cérebro é útil quando nos permite descobrir as operações básicas de um processo cognitivo complexo — como o da regulação emocional — lá, onde a mera observação de expressões verbais e comportamentos não basta para decifrá-las.

A atividade cerebral de uma pessoa que ressignifica uma emoção, comparada à de um simples observador, apresenta as seguintes diferenças:

1) *Diminui a ativação na amígdala, bem como de uma parte do córtex medial orbitofrontal.**

Essas duas regiões indexam a intensidade de uma emoção, sobretudo o medo. A amígdala tem duas fases de resposta muito diferentes. A primeira é automática, como um reflexo. Ela é tão rápida que permite à amígdala codificar a emoção de uma ex-

---

* As palavras usadas para se referir às coordenadas do mapa-múndi cerebral são complicadas assim.

pressão facial antes mesmo de identificarmos a quem pertence o rosto. Sabemos o que a pessoa sente antes de sabermos quem ela é. Esse componente não muda com a ressignificação; simplesmente não há tempo para isso acontecer. Em uma segunda onda de ativação, mais lenta, a amígdala se conecta a outras regiões cerebrais e, ao fazer isso, impede que funcionem normalmente na resolução de suas tarefas habituais. O cérebro fica *sequestrado* e cegado pela emoção. É o que observamos em um acesso de ira, quando perdemos a capacidade de raciocinar e, muitas vezes, até de perceber as coisas. Essa segunda onda, quando várias regiões cerebrais se conectam à amígdala, também dá origem à formação do engrama da memória e, como vimos no capítulo 3, é então que começam a se entrelaçar os circuitos neuronais que se vinculam em uma lembrança. A ressignificação modula precisamente essa segunda fase, em que a amígdala é engatilhada, conectada ao resto do cérebro, tomando-o de assalto e forjando, assim, lembranças indestrutíveis com milhares de conexões. Por isso é tão eficaz em apagar o incêndio emocional antes que deixe cicatrizes e nos tornemos, como o Hulk, cada vez mais verdes.

2) Aumenta a atividade em algumas regiões da rede de controle cognitivo, principalmente no córtex pré-frontal.
A rede de controle cognitivo é formada por várias regiões, que incluem o córtex cingulado anterior e o córtex pré-frontal. O córtex cingulado anterior é uma espécie de torre de vigilância que soa o alarme quando algo não funciona. O córtex pré-frontal coordena o fluxo de informação entre estruturas cerebrais distintas. É como um guarda de trânsito. O controle cognitivo tem limites claros e, às vezes, o esforço para direcionar o pensamento produz efeitos contrários aos que pretendia conseguir. O cartunista Quino captou isso perfeitamente numa tira em que Felipe repete

conscienciosamente: "Preciso prestar atenção em cada detalhe do que a professora está explicando. E tentar com todas minhas forças não me distrair. E concentrar toda minha atenção em ficar atento". Enquanto Felipe está absorto nessas reflexões, escuta de repente uma voz dizer, "Entenderam, crianças?", e observa, desolado, a resposta em uníssono da classe: "Sim, professora!".

A rede cerebral de controle cognitivo é ativada também durante a ressignificação emocional. Isso implica a existência de uma substancial superposição dos sistemas cerebrais que regulam as emoções e o pensamento. Utilizam-se as mesmas funções, os mesmos circuitos, as mesmas instruções. No capítulo sobre a memória, expliquei que é fundamental exercitar o sistema de controle cognitivo durante os anos escolares, porque ele envolve faculdades subjacentes a todo o pensamento. Agora vemos que também são ferramentas fundamentais ao governo emocional. A observação do cérebro revela, assim, um princípio que está além da intuição: exercitar a memória de trabalho e a atenção é uma excelente maneira de nos conscientizarmos das nossas emoções.

A história é ainda mais interessante. Os circuitos cerebrais responsáveis pela ressignificação estão no córtex pré-frontal e se encarregam de manter e redistribuir a informação. Neste caso, seu papel é conectar a informação emocional na amígdala às regiões cerebrais da linguagem. Por sua vez, as regiões que monitoram e inibem outros processos cerebrais, como o córtex cingulado anterior, não estão envolvidas. Ou seja, a ressignificação não se baseia em inibir processos cerebrais, mas em redistribuí-los. Isso a torna muito mais efetiva, pois a inibição frequentemente provoca o efeito contrário, tal como demonstrado no célebre experimento dos elefantes cor-de-rosa.

Nesse clássico do controle cognitivo, os participantes são instruídos a *não* pensar em um elefante rosa ou qualquer outra coisa inusitada, que ninguém pensaria. Costumo fazer este experimento em público, pedindo à audiência que aplauda cada vez que pense (a contragosto) em um elefante rosa. Sempre acontece a mesma coisa: um primeiro aplauso, depois mais alguns e, finalmente, aplausos vigorosos. Eis a ironia: pedir que as pessoas não pensem em alguma coisa é a melhor maneira de elas pensarem. Por que acontece isso?

O *sinal* emitido pelas sinapses depende do neurotransmissor liberado. Neurônios que liberam *glutamato* excitam as sinapses às quais se conectam e, se liberarem GABA, as inibem. Num circuito neuronal, excitação e inibição se sobrepõem, gerando um equilíbrio. Quando o processo de inibição é acionado e o GABA consumido, este equilíbrio se quebra e há um rebote da excitação. Esta versão, embora bastante esquemática, ilustra as idas e vindas da modulação neuronal, que fazem com que seu sinal seja instável. Consequentemente, sempre que queremos inibir um processo, também o invocamos.

Isso fica ainda mais notório quando a inibição é inconsciente. Vamos ver como funciona: os circuitos de controle cognitivo funcionam com convenções estereotipadas. Por exemplo, quando vemos uma seta, a atenção se dirige automaticamente a essa direção. Também podemos aprender a ter convenções atípicas: por exemplo, dirigir a atenção em direção contrária à da seta, caso ela seja vermelha. Aqui entram em conflito dois sistemas da rede de Posner: o exógeno, que conduz a atenção na direção da seta, e o endógeno, que inibe este mecanismo.

Tudo isso ocorre na esfera consciente. Brincar desse jogo de apresentações subliminares demonstrou que o controle cognitivo também pode operar desde o inconsciente, mas com suas próprias regras. Ao apresentar subliminarmente uma seta apontando para a direita, a atenção se dirige a essa região do campo visual, mesmo sem termos visto nada. Quando, por outro lado, aparece uma seta vermelha, obedecemos ao primeiro automatismo de dirigir a atenção onde aponta a seta. Na indicação subliminar, o "não" deixa de funcionar, e o que pretendia ser inibição converte-se em excitação. Por isso o paradoxo do controle se torna ainda mais evidente na esfera do inconsciente. *Tentar inibir algo costuma ser a melhor maneira de provocá-lo.* Ainda que a conexão seja um pouco remota, é possível relacionar esta ideia ao conceito freudiano de repressão. A mera indicação de inibir uma ideia (ou emoção) causa o efeito adverso: ela se consolida e permanece recrudescendo nos confins neuronais do cérebro.

3) A atividade cerebral durante a ressignificação é lateralizada predominantemente no hemisfério esquerdo.*

---

* Vemos como o jargão técnico assume a forma de paródia e se espalha por repetição no célebre diálogo dos irmãos Marx em *Uma noite na ópera*:

A lateralidade dos hemisférios e a conceitualização do cérebro como uma metade racional e a outra emocional é uma metáfora que confunde mais do que esclarece. Feita essa ressalva, convém especificar que há casos pontuais de especialização de algumas funções por hemisférios cerebrais. Por exemplo, a linguagem, cujas regiões mais determinantes para sua compreensão e articulação (áreas de Wernicke e Broca, respectivamente) situam-se predominantemente no hemisfério esquerdo. Desse modo, a lateralização de uma tarefa costuma ser um sinal de que a linguagem desempenha papel relevante em sua articulação. Isso é ainda mais surpreendente quando acontece em casos em que a narrativa verbal não é explícita e a linguagem opera a partir do inconsciente para resolver desafios mentais. O fato de a maior atividade cerebral de uma pessoa que ressignifica uma emoção aconteça no hemisfério esquerdo indica, portanto, que essa fórmula de regulação é construída na linguagem. Partindo do cérebro chegamos ao caminho que viemos esboçando desde que o livro começou: a linguagem possui uma força extraordinária para ressignificar a experiência emocional.

4) *Durante a ressignificação são ativadas as regiões cerebrais do sistema de teoria da mente.*

Os estudos que apresentei para esmiuçar os componentes da ressignificação baseiam-se na observação de emoções alheias: os

— Faça o favor de prestar atenção na primeira cláusula porque é muito importante. Ela diz que "a parte contratante da primeira parte será considerada como a parte contratante da primeira parte". O que você acha? Está bom, não é?
— Não, nada bom. Gostaria de ouvir outra vez.
— Diz que... "a parte contratante da primeira parte será considerada como a parte contratante da primeira parte".
— Acho que agora soa melhor.

participantes veem imagens e tentam se distanciar ou oferecer uma interpretação menos nociva do que está sendo observado. O caso mais simples é supor que tudo não passa de atuação. Uma possível objeção aos resultados desses experimentos seria dizer que é bem mais fácil ressignificar as emoções alheias do que as sentidas na própria pele. De fato. Mas podemos utilizar essa mesma circunstância a nosso favor. Durante a ressignificação, são ativados circuitos cerebrais de um sistema conhecido como *teoria da mente*, que nos permite atribuir pensamentos, sentimentos e intenções a outras pessoas. Isso implica que um componente da ressignificação é precisamente relacionar as próprias emoções com as sentidas pelos demais.

EXERCÍCIO I
Ideias sobre emoções, o que são, por que nos transtornam e como regulá-las

Uma das formas mais simples de ressignificação é lembrar que alguém sofrendo em uma cena está apenas atuando. Ao longo do livro, apresentei ideias mais poderosas que essa: reinterpretar o medo como entusiasmo, a tristeza como raiva ou a fúria como êxtase. Em cada um desses exemplos, entender as distâncias e proximidades nos dá uma pauta para determinar quais emoções são mais propensas à ressignificação. Achei oportuno apresentar exemplos concisos de algumas emoções, sua natureza, sua razão de ser, por que às vezes voltam-se contra nós e pistas de como regulá-las. Aqui me afasto intencionalmente do rigor imposto pelos limites da ciência relaxando o texto para alguns exemplos sem nenhuma pretensão de generalidade. Sigo o espírito que apontava o compositor Leonard Cohen: no mundo das canções, o particular é muito mais efetivo que o geral.

Medo
Palpitações, respiração entrecortada, suor, tremores, aumento da pressão arterial, mal-estar gastrintestinal: quando o medo aparece, o corpo todo reage como um alarme. A ameaça sempre é clara e precisa: uma arma apontada para nós, um animal rosnando, um precipício

que se assoma... Essa precisão distingue o medo da ansiedade: com o medo, temos certeza do que nos ameaça.

O medo é paradoxal: eles nos dirige ao que queremos evitar. Uma das primeiras lições para quem caminha perto de um penhasco é manter os olhos à frente, evitando o impulso de olhar para o vazio. Este reflexo natural de fixar a atenção na fonte do medo é, neste caso, prejudicial: onde os olhos vão, o corpo vai atrás. Por isso é importante se precaver. O medo às vezes é um sistema de alarme hipersensível que magnifica os riscos e faz com que pensemos muito mais neles.

As reações ao medo são o ataque, a fuga, a paralisia ou a submissão. Nenhuma dessas respostas é agradável, mas para nos reconciliarmos com elas, podemos encará-las da seguinte perspectiva: o medo é o corpo avisando que devemos tomar cuidado. Devemos abraçá-lo como quem abraça um amigo cuidando de nós.

Nojo

Identificamos o nojo quase instantaneamente pelo modo como se manifesta: franzimos o nariz, tomamos distância, sentimos náusea. O nojo, como o medo, existe para nossa proteção. Da mesma forma que o medo é um convite a nos afastarmos de algo, o nojo evita que algo se aproxime do corpo ou até o expulsa. Delimita, então, um perímetro que a fonte de repugnância não deve ultrapassar.

O nojo nos leva a rejeitar certas coisas de forma sensata, como cogumelos venenosos, mas ocasionalmente também faz com que repudiemos algo bom para nós. Às vezes, o nojo se mistura à moral. É possível sentir asco de alguém por sua maneira de comer ou simplesmente por sua aparência. Trata-se de um asco dirigido não contra coisas, mas pessoas. O nojo nos torna intolerantes. Em um sentido mais geral, opõe-se à curiosidade. Ele nos impede de explorar coisas, pessoas e mundos por censurá-los abruptamente.

Uma linha clara parece delimitar que tipo de coisas nos dá nojo das coisas que não dão. Nada poderia estar mais longe da verdade: essa fronteira muda onde quer que observemos. Primeiro, com a idade. Café, mate, cerveja e, em geral, qualquer sabor amargo são repugnantes na infância. (As expressões de quem toma mate pela primeira vez constituem um fantástico catálogo de como manifestamos o nojo.) Com o tempo, esses sabores podem se tornar muito prazerosos. Segundo, o nojento deixa de sê-lo se o consideramos familiar ou próprio. Aqui os bons exemplos são escatológicos. Não costumamos sentir nojo dos próprios peidos, mas sentimos dos alheios. O mesmo cheiro, interpretações distintas. E, mesmo que seja constrangedor admitir, é hábito comum olhar o vaso sanitário e examinar as próprias excreções. As fezes deixam de ser asquerosas se são nossas. Por quê? E, terceiro, o contexto. Normalmente, tocamos e lambemos todo tipo de fluidos alheios. No calor da cena erótica, podemos perceber como prazeroso algo que, fora desse contexto tão particular, seria francamente asqueroso.

O nojo não é absoluto, tem muitas gradações, e podemos reinterpretá-lo para se expressar com toda veemência quando julgamos conveniente ou suprimi-lo se nos leva a repudiar algo que não deveria ser repudiado.

Surpresa

A surpresa é uma reação efêmera ao inesperado. Ela gera um sobressalto em que os olhos se arregalam e o corpo fica tenso. É como se abríssemos espaço para que uma nova informação que adquirimos subitamente coubesse no corpo. A surpresa é por vezes prazerosa, por vezes triste, mas tanto num caso como no outro, opera de forma similar. Ela multiplica as emoções subsequentes: a tristeza ou alegria é ainda maior quando nos surpreendem. A surpresa nos alerta para algo que deixamos escapar e nos prepara impetuosamente para isso não voltar a acontecer.

A surpresa falha por completo em situações incontestavelmente instáveis. Tentar controlá-la corresponde a tentar controlar o mundo. Algo tão impossível quanto indesejável, pois um mundo no qual sabemos perfeitamente o que vai acontecer é uma chatice.

Podemos observar essas duas faces da surpresa. Acolher o assombro, acrescentar a ele o fascínio e o interesse. Aproximá-lo da curiosidade e do prazer pelo descobrimento. Desfrutar da grande quantidade de coisas que vão nos surpreender. E, ao mesmo tempo, ignorar a surpresa quando somos advertidos por um sobressalto de que algo imprescindível nos escapou. Não devemos nos sentir idiotas quando tropeçamos por falta de sorte, tampouco gênios quando a fortuna nos acompanha. Em ambos os casos, a surpresa nos faz sentir responsáveis por um universo sobre o qual não temos o menor controle.

Tristeza

Se as emoções costumam nos pôr em movimento (daí vem sua etimologia), a tristeza é a exceção. Ela nos estimula a parar, a dar um tempo para recarregar a bateria. Por isso é percebida como um estado de abatimento. Sua expressão mais eloquente é o choro, seja ele desgarrador, silencioso ou contido. O choro é uma forma de comunicar um estado de fragilidade e a necessidade de cuidado e proteção.

A tristeza costuma derivar de alguma perda. Mas essa perda é contemplada de um ponto de vista passivo: sentimos que não podemos fazer nada para repará-la exceto procurar consolo. O exemplo mais reconhecível de perda é a morte de um ente querido. A tristeza é a forma de expressar abertamente que estamos abatidos.

Um modo mais enérgico e reativo de responder a uma perda é quando a consideramos injusta. Nesses casos, costumamos ressignificar a tristeza em raiva. A origem da emoção é parecida, mas sua interpretação e consequências são bem diferentes: ela nos impele a agir para remediar a perda. Em vez de aceitá-la e pedir "um tempo", somos levados a agir. O equilíbrio entre a raiva e a tristeza é delicado. Às vezes, ante de uma perda, convém fazer uma pausa para a reflexão e perguntar: isso que estou sentindo é irritação ou tristeza?

Alegria

Nenhuma outra emoção nos faz sentir vivos mais facilmente que a alegria, uma sensação da qual ninguém quer escapar. Mas claro que não é possível. Pensemos nas celebrações, uma das manifestações de alegria mais paradigmáticas que existe; é algo que demanda energia, distrai, acaba com a capacidade de concentração. Uma pessoa alegre costuma ser imprecisa. Este conceito se entende melhor na terceira pessoa. Imagine estar em uma mesa cirúrgica à espera de uma operação e o cirurgião aparece morrendo de rir, com lágrimas de alegria. Qualquer um preferiria mil vezes mais um médico sério, concentrado em seus instrumentos e em nosso corpo, não alguém tendo um acesso de riso.

Eis o paradoxo: a alegria nos distrai do esforço que nos conduziu a ela. Grandes esportistas aprendem a conter suas celebrações porque sabem que a história não termina com uma vitória e que é preciso voltar imediatamente aos treinos se esperam celebrar outra vez. Mas há mais que isso. Quem termina a escola ou a universidade, quem escreve um livro, quem escala uma montanha costuma parar um segundo para pensar, em meio ao júbilo, em todos os momentos de medo, tristeza e frustração que experimentou até alcançar esse objetivo. E choram. É uma forma de estender a alegria ao passado, pois, embora seja uma bela sensação, é ainda mais por contraste e acumulação.

O contraste de cores deixa a vida mais interessante. Por isso costumamos dizer que ninguém escolheria, se fosse possível, viver em um mundo onde só sentisse alegria. Preferimos levar uma vida plena, com todos os matizes emocionais entrelaçados. Isso nos sugere outra poderosa ferramenta de controle: da próxima vez que o medo, a tristeza ou a raiva surgirem, vamos tentar entrecerrar os olhos e enxergar a alegria que se esconde à distância para compreender que não há desgosto sem riso nem riso sem desgosto.

Raiva

Esta emoção nasce de uma injustiça. A raiva energiza, motiva, organiza. Tanto é verdade que, inadvertidamente, nós mesmos a invocamos muitas vezes. Antes de uma luta, discussão ou partida, é comum procurar por gatilhos da raiva: lembrar de uma derrota dolorosa ou uma frase que nos provocou. É uma forma de preparar o corpo para a luta. A raiva tem um lado positivo: nos faz ver e expressar o que acreditamos ser justo. Desta forma, a raiva revela nossos valores e nos junta a outros que os compartilham. Gera identidade e até orgulho, une e motiva.

Cada um desses valores encontra sua versão nociva no exagero, acima de tudo: brigas entre irmãos, casais, pais e filhos, ou entre dois desconhecidos, por um simples arranhão no carro... Em cada uma dessas situações, emana um impulso que nos leva a confundir a briga em questão com "a briga" e nos predispõe a uma batalha muito mais acirrada do que a realidade pede. Raiva gera raiva, e faz com que nos concentremos cada vez mais nos argumentos que desencadeiam a cólera. E tudo vai pelos ares.

O distanciamento, seja no sentido geográfico, de perspectiva ou no tempo, abranda essa emoção. A pessoa se enfurece no calor do momento por coisas que, no dia seguinte, ou se contadas em terceira pessoa, parecem ridículas. Podemos tirar disso uma lição importante: é sempre bom se distanciar, aguardar um segundo ou dois ou dez, recuar um passo e, às vezes, ainda que pareça cômico, até mesmo pensar no problema em outro idioma. Esta é, para bilíngues, uma receita fantástica para enfrentar as brigas de casal: discutir em inglês. O distanciamento e a perspectiva proporcionados pelo idioma estrangeiro parecem dificultar que a irritação se transforme em ira.

Ciúme

É a emoção da possessividade e da propriedade: temos ciúme do que consideramos nosso. Por outro lado, as coisas que desejamos, mas não nos pertencem, despertam a inveja. O ciúme costuma aflorar no amor romântico, embora não seja sua primeira manifestação. Quando crianças, sentimos ciúme ao compartilhar brinquedos ou pais, quando chega um novo irmãozinho. A ameaça de usurpação nos acompanha desde o princípio da nossa vida. Por quê? Porque, através do que sinalizamos como nosso, construímos a nós mesmos. Meus brinquedos, meus pais, minha esposa, meu marido: cada uma dessas coisas é um bloco incluído na narrativa que configura nossa identidade.

Sentir ciúme é a resposta automática para cuidar do nosso mundo mais próximo. Mas, ao vê-la assim, descobrimos que não é a única nem a mais adequada, além de nos darmos conta de que há algo libertador em aceitar a eventual perda da carga dessa esfera íntima. Como quem viaja sem bagagem, sem carregar tralha demais. O ciúme, assim como o medo de altura, parece inato e, de algum modo, irremediável. Mas não é uma coisa nem outra. O ciúme é aprendido e vai se definindo ao longo do tempo, varia enormemente de uma pessoa para outra e dentro de cada uma delas, segundo a quem se dirige. Tem gente que passa por várias relações sem que o ciúme nunca aflore e, de repente, ele aparece com plena força. E aí se instala no futuro, como um vírus muito difícil de erradicar.

Essa emoção nos leva a restringir a vida do objeto de nosso ciúme. Ele costuma afetar principalmente o sexo, o terreno das relações românticas, onde se manifesta com mais facilidade. Mas também sentimos ciúme de amigos, de uma festa, da intimidade. Você ficaria com ciúme se sua cara-metade dormisse abraçada a outra pessoa? E se cumprimentasse alguém com um abraço? E se a visse andando de mãos dadas com alguém? Cada uma dessas perguntas define a fronteira do que consideramos apropriado, do que acreditamos ter o direito de proibir na vida alheia. Mas também servem para evocar a imagem oposta: de um modo geral, desejamos que nossos entes queridos recebam muitos abraços, andem de mãos dadas com outros, riam, tenham amigos e desfrutem da vida. Há muitas formas de amar e cada um encontra a sua. Mas é bom examinar essas diferentes opções e entender que a mesma coisa que leva ao ciúme pode nos levar ao prazer. Que essas reações parecem diametralmente opostas, mas estão muito mais próximas do que imaginamos. Há um experimento universal do ciúme: o que espera encontrar alguém que espiona o celular ou o Instagram de quem ama? Parece um controle policial, mas também tem um quê de investigação literária. Procurar alguma coisa que sirva de combustível para a narrativa do ciúme. Será que vale a pena?

EXERCÍCIO II
Ideias do capítulo 5 para viver melhor

1. **Fuja da solidão**
   Estar sozinho é não ter com quem falar, compartilhar as alegrias e os pesares, as preocupações e os êxitos. Os efeitos da solidão são poderosos e severos, tanto para a saúde física como para a mental. Conversar nos ajuda a tomar decisões melhores e faz parte de nosso autocuidado, de forma a termos um maior controle das emoções e prevenirmos transtornos como a depressão, a ansiedade e a demência.

2. **A presença física também importa, sobretudo nos maus momentos**
   Ter disponibilidade para os outros, assim como ter alguém disponível para nós quando enfrentamos uma situação difícil ou doença grave, também é parte imprescindível do cuidado emocional. É nos piores momentos que estar ao lado de alguém se faz mais necessário.

3. **Controle é liberdade**
   A ideia é antiga, mas nunca deixou de ser válida. É sempre aconselhável manter o controle em situações muito tensas ou complicadas. Aprender a controlar as emoções, promovendo as desejáveis e

moldando as tormentosas antes que se apoderem de nós, é uma ferramenta básica da boa vida emocional.

4. **A distração é útil, mas com frequência insuficiente**
A resposta intuitiva diante de uma emoção negativa é voltar a atenção para outro lado. Trata-se de uma estratégia útil que, no entanto, só é aplicável em situações pouco transcendentes e tem eficácia limitada: não serve para enfrentar grandes tristezas. Certas distrações podem, além do mais, resultar mais prejudiciais do que você pretendia evitar.

5. **Emoções podem ser induzidas**
Com palavras, gestos, rituais pessoais. Embora não seja um procedimento infalível, tais induções bastam, ocasionalmente, para obter o efeito desejado (concentrar-se, esvaziar a mente, relaxar, por exemplo).

6. **Interpretamos o que sentimos**
As mesmas sensações podem ter significados diferentes: os que você der a elas. O medo pode se transformar em empolgação, a decepção em aceitação, a tristeza em esperança etc. Aprenda a ressignificar as emoções que lhe fazem mal, que causam obsessões ou exaustão. Se não as quer, transforme-as em outra coisa.

7. **Ressignificar não é o mesmo que suprimir uma emoção**
Significa controlar as próprias emoções, seus detalhes e nuances, e conhecer as ferramentas para moldá-las segundo nossas necessidades. A raiva e a tristeza são tão necessárias quanto a felicidade, a surpresa ou o amor. Muitas vezes, o que queremos evitar não é a emoção em si, e sim que ela se apodere de todo nosso espaço emocional.

8. **Procure conviver com pessoas risonhas**
O riso contagia e cura. Pessoas que riem muito costumam ter vidas mais plenas (e longas). A risada é um catalisador das relações pessoais duradouras e um antídoto contra o estresse.

9. Reprimir as emoções não funciona

Além de, na prática, ser uma estratégia de pouco êxito (tente não pensar em um urso polar), implica um alto custo fisiológico na forma de estresse. Quanto mais intensa a emoção, maior o preço a pagar por tentar reprimi-la e mais difícil será a repressão. Embora pareça contraintuitivo, é sempre melhor aceitar a emoção (e, se necessário, ressignificá-la) do que repudiar ou ignorá-la.

6. Aprenda a falar consigo mesmo

Como ser mais amável com as pessoas que mais amamos

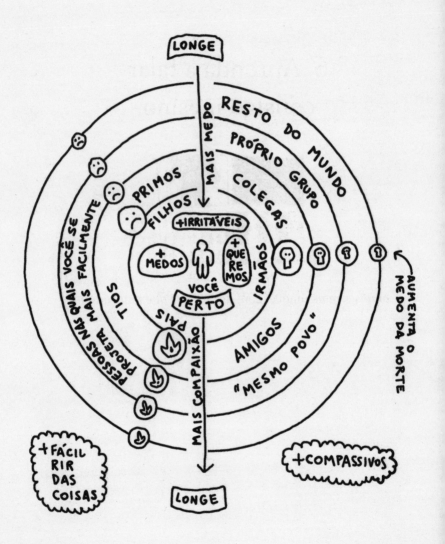

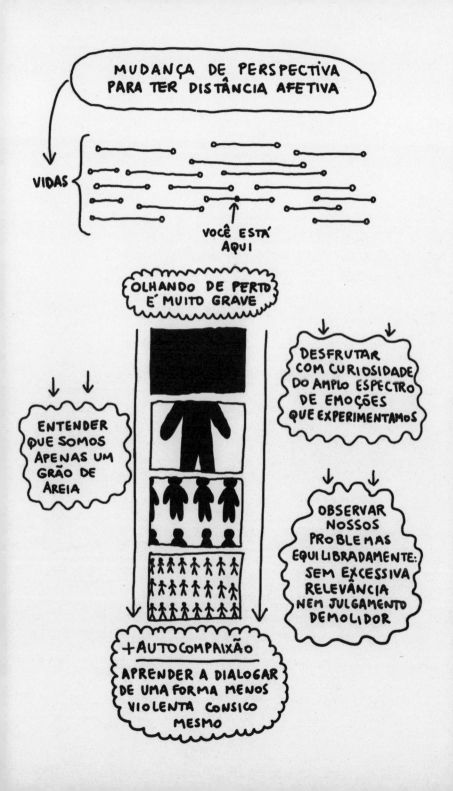

PLANO DE TRABALHO

À medida que um assunto envolve pessoas mais próximas, a esfera emocional se multiplica: queremos mais, sentimos mais ciúme, sentimos mais medo. Ficamos particularmente sensíveis e questões menores nos irritam mais do que necessário. À distância, tudo parece menos grave e é mais fácil rir dos problemas.

No centro do que é mais próximo ficamos, justamente, nós mesmos. É aí que as coisas se tornam mais estranhas. Supervalorizamos nossas conquistas mas, em outros departamentos, somos o juiz mais crítico e severo. É muito difícil ver a nós mesmos de forma equânime e comedida, sem exagerar as expectativas, os medos e o ardor físico causado por nossas próprias emoções.

Se uma pessoa desconhecida cai na rua, nos aproximamos para perguntar se está tudo bem. Ninguém começa a gritar, acusando-a de estar com a cabeça nas luas de Marte. Por que, então, tantos reagem assim quando quem tropeça é seu próprio filho? E é pior ainda quando se trata de nós mesmos: costumamos nos alfinetar com um "como posso ser tão estúpido?", em lugar de mostrar autocompaixão e nos perguntarmos se estamos bem. Por que tratamos com tanta severidade aqueles que mais amamos?

Acontece que uma e outra forma de reagir são dois extremos de um eixo que vai da compaixão ao seu oposto, o julgamento crítico. São dois modos de olhar e interpretar a realidade. A resposta crítica é exacerbada pelo tédio das repetições. Ao contrário dos tropeços alheios, quando isso acontece com uma pessoa próxima, ganhamos um problema que não tínhamos. Parte desta reação desagradável também procede de uma disposição pedagógica. A ciência nos ensina, porém, que esta forma de reagir é contraproducente. Irritar-se com alguém que sofre nunca constitui um bom remédio. O olhar compassivo é muito mais recomendável.

Nestas páginas finais identificaremos os hábitos tóxicos que contaminam nossa conversa interior e veremos como iniciar um bom diálogo com nós mesmos. Recorrendo, como sempre, ao embasamento científico para descobrir que aprender a ter compaixão com nós mesmos nos ajuda a desfrutar de uma vida melhor.

Helen Keller nasce no Alabama em 1880. Pouco antes de completar dois anos, uma meningite a deixa surda e cega. Desse momento em diante, se torna irascível, sem ter como expressar seus desejos e frustrações. No interior de sua mente não há ecos nem vozes; nem sequer seus próprios gritos ressoam lá. Como aprender a linguagem sem ver nem escutar? Seus pais recorrem à ajuda a Graham Bell — que, além de inventar o telefone, dedicou boa parte de sua vida a aperfeiçoar os sistemas de comunicação para surdos — e, graças ao cientista, Helen conhece Anne Sullivan, sua companheira pelo resto da vida.

Anne procura formas de introduzir a linguagem pelo tato. Por exemplo, movendo os dedos repetidamente na mão de Helen como se estivesse escrevendo. Após insistir pacientemente sem progresso algum, certa manhã Anne traça a palavra *água* na palma da mão de sua aluna e a faz tocar na água. Ela repete o processo até que, a certa altura, fica evidente pela expressão de Helen que o *milagre* da linguagem acaba de ocorrer: ela compreende que o traçado na mão é uma forma de se referir à água e que pode usá-lo sempre que sentir sede; ela descobre o conceito de símbolo e palavra, e percebe que essas serão a chave para, finalmente, sair de sua prisão.

Animada com o progresso, Anne tenta algo novo. Ela apoia a mão de Helen em sua garganta enquanto fala lentamente. Helen não escuta, mas pode *tocar* a voz de Anne, sentir as vibrações das cordas vocais de outra pessoa. E, fazendo um esforço extraordinário, aprende a reconstruir o som por meio do tato. Ela dá vida à sua própria voz.

PERSPECTIVAS PRÓXIMAS E DISTANTES

Uma amiga que mora na Suíça me contou que, certo dia, seu filho saiu correndo e atravessou a rua. Ela levou um susto daqueles e começou a gritar com o menino. E contou que uma pessoa passando pela rua a recriminou enfaticamente por levantar a voz com uma criança. O assunto é complicado, claro, como qualquer coisa que diga respeito à ética e à moral. Existe alguma situação onde seja justificado gritar com uma criança? Muitos acham que um grito de vez em quando é uma parte necessária da educação infantil; para outros, pelo contrário, nunca se justifica.

Como sempre, não tenho o menor interesse em moralizar tais dilemas; para isso existem outros livros e outros pensadores. Minha intenção, por outro lado, é esmiuçar os elementos que são colocados em jogo quando pensamos a seu respeito e os transformamos em emoções, principalmente por se tratar de uma caricatura de algo que acontece com muita frequência: a criança que sai correndo (maldito hábito!), cai e chora; o pai ou a mãe pulam com dois impulsos: abraçá-la ou repreendê-la aos gritos: "Distraído como sempre!".

Há pais compassivos, que tendem a consolar. Outros são mais críticos, preferindo repreender e doutrinar. A ciência, por sua vez, mostra que a compaixão é muito mais eficaz que a crítica. O momento do acidente não é ideal para berros e lições de moral: é o momento de abraçar. Chegará a hora de explicar com calma as estratégias para que algo assim não se repita. Só então as palavras serão efetivas.*

Ser crítico ou compassivo é, em grande medida, uma característica individual. Mas depende ainda mais de quem foi que recebeu o golpe. Costumamos ser mais duros com aqueles que mais amamos. Irmãos, pais e filhos, casais que param de se falar pelo resto da vida. A cólera resultante de emoções desreguladas — o ciúme, a frustração, a inveja e, sobretudo, a ira — pode ser atenuada com uma postura mais compassiva. Pois bem, como mudar de perspectiva? Veremos a solução nas próximas páginas, mas há três princípios muito simples que já podemos antecipar. Primeiro, é quase impossível julgar o outro sem saber como é estar na sua pele, mesmo quando vivemos a seu lado. Segundo, o eixo central que separa o olhar compassivo do crítico é a distância afetiva. Portanto, uma forma simples de ser mais justo e solidário consiste em se distanciar. Veremos como o humor, entre outras ferramentas, nos ajuda a pegar essa manha. Terceiro, a gentileza e a generosidade são incrivelmente reflexivas e contagiosas: ser amável com os outros é o modo mais fácil de sê-lo também consigo mesmo.

Acontece que, no fim das contas, a pessoa com quem somos menos compassivos é nós mesmos. Quando tropeçamos, é muito estranho nos consolarmos. É bem mais comum nos autoflagelar e pensar que somos idiotas: "como que eu não vi isto?". Somos ruins na hora de dialogar com nós mesmos, e isso afeta nossas decisões, a forma que damos a nossas lembranças, e nossa vida emocional. Voltamos assim à receita já vista em cada um desses domínios do pensamento: falar com os outros para saber suas opiniões e, sobretudo, expressar as nossas em voz alta; falar com os outros

---

* Afinal, como quase sempre acontece, os suíços têm razão.

para aprender a falar consigo mesmo, para revisar, organizar e dar forma a nossas ideias. Em síntese, aprender a pensar.

Os cuidados com a saúde ilustram onde costumamos ser compassivos com os outros, mas críticos com nós mesmos. Os conselhos que damos para alguém se sentindo mal são muito diferentes quando conjugados em primeira ou segunda pessoa. Se um amigo está doente, é muito comum recomendarmos que vá ao médico. A recomendação própria, porém, baseia-se numa escala de valores bem diferente, onde não há tempo para o autocuidado porque temos "coisas mais urgentes a fazer". Às vezes, deixamos ostensivamente de prestar atenção a sintomas ou possíveis riscos à saúde. Paradoxalmente, o mesmo acontece com frequência entre médicos, que ganham a vida curando a doença dos pacientes e descuidam da própria saúde.

O peso da própria lupa

A autocondenação obsessiva deriva de uma falta de perspectiva que nos leva a dar aos nossos problemas uma magnitude desproporcional. Na meditação, costumamos exercitar esta mudança de foco para conseguir compreender (e sentir) que nossa experiência não passa de uma parte ínfima de um universo muito vasto. Essa distância atenua a experiência, como se as diluísse em um cosmos mais amplo.

Todos temos a tendência de superestimar a relevância do próprio trabalho. Das inúmeras demonstrações desse conceito, gosto especialmente da que foi feita por meu colega Dan Ariely ao juntar um grupo de pessoas para fazer origamis, incluindo alguns mestres na arte. A seguir, perguntou a outro grupo de pessoas quanto pagariam por cada figura de papel. O origami é uma arte complexa e não é fácil determinar um preço a ela, mas ninguém

é bobo e todo mundo sabe valorizar a qualidade. Consequentemente, as obras dos mestres custavam muito mais do que as de quem não sabia o que estava fazendo. Os que fabricaram uma figura também entenderam o princípio geral — as coisas feitas por profissionais valem mais —, mas estavam convencidos de que seu origami (e apenas o seu!) era a exceção que confirmava a regra.*
Tem outro exemplo parecido: a foto de nossos recém-nascidos. Cada um acha que o seu é o mais lindo. É claro que nem todo o mundo pode estar certo ao mesmo tempo. Mas estão, quando vemos o que é nosso como mais luminoso e transcendente. Há algo de belo neste argumento, especialmente nesses exemplos que destilam amor pelas pessoas e pelas coisas que nos rodeiam.

* É difícil ter uma perspectiva equilibrada das próprias realizações. Como na piada dos dois frangos caminhando juntos, em que um vira para o outro e diz "E aí, tudo bem?", ao que o outro exclama, atônito, "Frango fala?!".

Há alguns anos, comecei a estudar música e, pouco depois, compus minha primeira melodia. Ao executá-la, me pareceu belíssima. Senti que se fosse resumir a história da música os três maiores seriam Mozart, os Beatles e... minha canção. Lá estava eu, testemunhando em primeira mão a força de uma ilusão que não vem à tona em todas as esferas criativas. Na escrita ou na ciência, que são minhas áreas "mais próximas", o crítico que há em mim aflora com muito mais ímpeto que o entusiasta. Na música, esta ilusão tinha um poder fantástico. Era a expressão da condição anfíbia entre a realidade e a ficção: eu sabia perfeitamente que minha melodia era só o exercício de um principiante. Mas isso não alterava em nada a ilusão, que serviu como fonte de motivação para eu seguir praticando música, área em que encontrava enorme dificuldade. Esta, acho eu, é uma forma razoável de conviver com nossas ilusões: dar-lhes vazão para nos encorajar a sermos mais intrépidos sem esquecermos que não passam disso: uma boa ilusão.

Na versão *real* do experimento de Ariely, costumamos viver nosso trabalho sem nos dar conta de como ele é magnificado por uma sensação de relevância excessiva. Para o vendedor, a perda de um negócio pode ser uma experiência catastrófica. E certamente o mesmo se passa na arte, na ciência e no esporte, onde o que está em jogo, acima de tudo, é a vaidade. Lembro do ritmo maluco e impiedoso dos meus tempos de doutorado. Devia-se em parte à minha própria paixão, mas, acima de tudo, à percepção de que seria um desastre se a pesquisa não fosse um sucesso. Cada um agia como se o seu tema fosse o *pássaro de dar corda no mundo*. As luzes dos laboratórios acesas durante a noite toda, alunos ralando de segunda a domingo.* Quando víamos esse comportamento em

---

* Foi aí que entendi aquelas célebres palavras do sindicalista: "Trabalharemos vinte e quatro horas por dia. E, se necessário, à noite também".

um colega, percebíamos como era desproporcional. Sem esse artigo, o mundo continuaria girando, a ciência não desapareceria e sua carreira acadêmica permaneceria mais ou menos a mesma. Toda essa bobagem era esquecida instantaneamente quando a pessoa voltava à própria realidade.

É assim que a lente de aumento da *ilusão* exagera o valor do que fazemos, deixa de ser um estímulo saudável e passa a ser nociva. Casamentos acabam, famílias se desfazem, descuidamos do corpo, perdemos o senso de humor e a saúde. E, em alguns casos, provoca grandes tragédias, como na história de Jason Altom — aluno do Prêmio Nobel de química Elias Corey — que se matou tomando cianureto de potássio. Antes de morrer, escreveu um bilhete onde acusava o diretor de pesquisa de seu esgotamento nervoso. Corey respondeu, assegurando que estava devastado e que a pressão que haviam imposto para obter essa síntese química tão extraordinariamente complexa era mútua e compartilhada. Seja como for, o que ficou claro é que o estresse era brutal, alimentado pelo pressuposto de que nada no mundo poderia ser mais importante que o projeto científico no qual mergulharam, nem mesmo os cuidados com a saúde física e mental. O equilíbrio é certamente complexo, já que essa mesma ambição e convicção desenfreada, beirando a loucura, já serviu de combustível para muitas façanhas da humanidade que hoje celebramos alegremente.*

Nos últimos anos, essa tensão veio ferozmente à tona nos esportes de alta performance. Aí temos o famoso caso de Simone

---

* Como vimos antes, Aristóteles observou que não dispomos de nenhuma palavra para designar a ambição moderada. Muito tempo depois, continua sendo difícil encontrá-la. Como manter a ambição e o fogo do desejo acesos sem negligenciar outros sonhos na vida?

Biles, estrela indiscutível da ginástica, que abandonou os Jogos Olímpicos de Tóquio para cuidar da saúde mental. Falamos aqui de exemplos extraordinários que, no entanto, ilustram algo que acontece com muitas pessoas. Em última instância, tudo se resume ao sentido que damos à palavra êxito. Da perspectiva crítica que costumamos aplicar a nós mesmos, o êxito está associado a metas profissionais: alcançar determinada quantidade de vendas, contratos, medalhas, seguidores no Instagram. Esta referência sempre é normalizada de acordo com sua própria escala. A obsessão, o fanatismo, a exigência desmedida se manifestam igualmente em uma partida de futebol infantil e nas diretorias de grandes corporações.

Pelo contrário, na perspectiva compassiva que reservamos em geral aos amigos e às relações baseadas em um afeto singelo, amável e não possessivo, a noção de êxito é bem diferente. Não amamos mais nem menos um amigo por ter vendido mais carros, fechado um negócio mais vantajoso ou costurado um pouquinho melhor a ferida de um paciente. Nós o amamos porque nos divertimos ao seu lado, porque podemos abraçá-lo, por ele estar ao nosso lado quando precisamos e por estarmos ao lado dele quando ele precisa de nós. Trata-se de uma ideia muito diferente do êxito.* Convém lembrarmos disto de vez em quando e tratar a nós mesmos como trataríamos um amigo.

---

* As categorias difusas das palavras são, neste caso, eloquentes. O termo êxito vem do latim *exitus*, que significa algo como "saída", "fim" ou "término". Em espanhol, adotamos uma derivação muito particular dessa acepção: algo que termina bem. Em inglês, o vocábulo *exit* tem um significado muito mais claro. Esses matizes não se confundem apenas nas palavras. O êxito costuma ser um aplauso final, estimulante, magnético, que, no entanto, deixa um futuro vazio porque nos obriga a abandonar o que nos levou a essa mesma celebração.

O exemplo mais claro da perspectiva distorcida acontece em nossas relações mais próximas. A refeição familiar é um bom exemplo. Os pais costumam observar com lupa fina se o filho come com a mão ou mastiga de boca aberta. Todo mundo já viu algum caso absurdo de um pai insistindo em educar o filho de cinquenta anos sobre assuntos básicos da vida. O vínculo com um sobrinho costuma ser bem diferente. Vista de uma perspectiva mais remota, menos carregada de responsabilidade, a relação adquire um tom mais ordinário e brincalhão. As mesmas coisas que nos irritam em uma filha são divertidas em uma sobrinha. Mas nem por isso deixam de ser laços educativos. Com tios aprendemos malandragens fundamentais que pais raramente ensinam. Proponho um simples exercício para praticar a mudança de perspectiva e compreender seus resultados: trate seu filho como se fosse um sobrinho uma vez por semana. E veja o que acontece.*

* Apelar à condição anfíbia que nos permite entrar e sair da ficção, assumir a perspectiva para entender melhor. Mães e pais rãs, tios sapos.

A máquina de experiências

Toda essa discussão gira em torno de uma pergunta tão simples quanto inabarcável: o que nos deixa felizes? Acontece que a felicidade é um aglomerado complexo. É difícil defini-la e, por isso mesmo, medi-la. Em alguns estudos científicos, pede-se aos participantes que expressem, em números ou palavras, sua felicidade. Mas, como já sabemos, não somos bons juízes de nossa própria experiência. Outros estudos tentam medi-la pelo riso ou a ausência de estresse. Uma coisa é certa: a felicidade envolve uma combinação de sensações, comportamentos e estados físicos que não podem ser reduzidos a uma única escala. Assim, muitos cientistas e filósofos argumentam que uma vida regada a medos, ansiedades e amores extraordinários pode ser mais plena que a felicidade contínua.

O dilema certamente é bem antigo. O filósofo grego Epicuro já esboçava há cerca de dois mil e quinhentos anos uma possível solução para a pergunta da origem da felicidade, no que denominou de *hedonismo racional*. Em sua visão da ética — ou seja, em seu manual para uma vida virtuosa —, Epicuro começa sugerindo o óbvio: devemos buscar o prazer e evitar a dor. A questão se complica, porém, quando ele acrescenta que a busca pelo prazer deve ser feita de forma racional para evitar excessos, não por uma questão moral, mas sim pelos sofrimentos subsequentes que causam. Eis onde reside o verdadeiro imbróglio que confunde em grande medida toda a ciência moderna da felicidade: como medir o prazer ao longo de uma vida? Focando seus picos máximos? Na ausência de momentos de infelicidade? Na média das duas coisas?

A solução proposta por Epicuro foi posteriormente retomada no século XX pelo filósofo Robert Nozick: a felicidade (seja ela o que for) não pode ser reduzida a uma simples sucessão de experiências prazerosas. Nozick ilustra esta ideia com um dilema que inspirou a pílula vermelha ou azul do filme *Matrix*: se pudéssemos nos conectar a uma máquina que garantisse que todas as nossas experiências seriam prazerosas, faríamos isso? Nozick supunha que as pessoas prefeririam não se conectar por buscar, mais do que o prazer, manter-se vinculadas à realidade. E, como parte integrante dela, a um amplo espectro de emoções de diferentes valências.

O experimento foi reproduzido inúmeras vezes e, tal como conjecturado por Nozick, a grande maioria de fato opta por não se conectar à máquina de experiências. Embora isso não seja nenhuma demonstração filosófica, a intuição do hedonismo racional de Epicuro sobre o que constitui uma boa vida coincide com o que pensam as pessoas vinte séculos depois. A tendência pode não ser universal, mas parece um traço amplamente preservado em toda a condição humana. Qual será a forma mais efetiva de alcançar esta felicidade mais real e colorida do que a mera sucessão de experiências prazerosas?

O caminho para isso nos conduz a ideias que já vimos antes: moderar o julgamento crítico, ser amável consigo mesmo, adotar uma perspectiva distanciada, ressignificar o "êxito", não alimentar a vaidade. Conecte-se aos elementos reais da experiência afetiva, às pessoas que realmente estão presentes quando precisamos delas, e não a uma horda de seguidores no TikTok. Lembre-se que fazemos parte de um vasto universo contendo matéria, de galáxias com estrelas cuja poeira formou a vida senciente: esse é o exercício de quem prefere não se conectar à máquina de Nozick, da tropa de Epicuro.

Morrer de rir

Recapitulando: manter um foco excessivo naqueles que mais amamos suscita medos desproporcionais. Podemos atenuá-los assumindo uma perspectiva distanciada e, também, reconhecendo que o medo é apenas um dentre os muitos matizes no leque de experiências de uma vida que é muito mais rica e real do que a máquina de Nozick. Talvez o maior desafio desse conceito seja a coisa que mais se exacerba em uma perspectiva próxima: o medo da morte. Como o medo de altura, aranhas ou serpentes, o medo da morte parece universalmente gravado em nossas entranhas. Mas e se não for assim? E se ele for uma invenção cultural ou o resultado da perspectiva com que regulamos nossa experiência emocional? Escolho expressamente este caso porque parece quase impossível transformar este medo para dar o desafio máximo à força da regulação emocional.

Já vimos a ressignificação do pesar através do *liget*, a emoção identificada por Renato Rosaldo entre os ilongotes. Para este povo, a experiência da morte é muito diferente da nossa, com seu toque de euforia da qual brota uma altíssima voltagem que circula pelo corpo. A fim de nos familiarizar com esta ideia tão pouco intuitiva, Rosaldo observa que só a morte de pessoas próximas adquire essa carga trágica devastadora; mortes remotas são vistas com indiferença, até com humor. Por isso o exercício inverso tem um poder tão curativo: distanciar-se para compreender que, como diz a canção "No Somos Más que um Puñado de Mar", de meu amigo Jorge Drexler: "Calma/ Tudo está em calma/ Deixa que o beijo dure/ Deixa que o tempo cure/ Deixa que a alma/ Tenha a mesma idade/ Que a idade do céu".

Existe a possibilidade, ao menos enquanto exercício mental, de ver a morte como apenas mais uma fagulha na imensidão do cosmos. É assim que encaramos outros tipos de momentos finais. Pense numa ópera, um concerto, ou seja lá qual for a expressão humana que mais nos comova. Suponha que o espetáculo é apresentado pela última vez e que desfrutamos de uma das experiências mais maravilhosas de nossa vida. Quando chega o fim, sentimos nostalgia. Mas é quase certo que surja também algo muito parecido com o *liget*: uma fagulha de altíssima voltagem desencadeando uma ovação em pé, uma euforia arrebatadora. Lágrimas profusas, talvez, mas vigorosas, virando um sorriso. É o clímax da apresentação, a celebração de tudo que o espetáculo significou no exato instante em que culmina, como ocorre com as obras de arte contemporâneas que se desfazem para tornar sua existência ainda mais tangível. Pois bem, talvez seja possível encarar a experiência da morte com esse sentimento: o de um público aplaudindo a vida de pé. Sei que parece impossível. Para mim, pelo menos, quase inatingível, como alongar um músculo além do seu limite. Mas que tal como ideia para exercitarmos a regulação emocional em territórios mais gentis?

Há exemplos na cultura ocidental sobre como a emoção do luto pode ser ressignificada para se transformar numa celebração, em um festejo. Uma das minhas histórias favoritas é a do velório de Graham Chapman, integrante do famoso grupo de comediantes ingleses Monty Python, em que seu amigo e companheiro de vida John Cleese pronuncia um discurso que começava assim: "Acho que ele jamais me perdoaria se eu não aproveitasse a oportunidade para dizer '*fuck*' pela primeira vez em um enterro". Com isso, os que choravam começam a rir. E, em pouco tempo, dá-se uma reviravolta insólita no serviço fúnebre; aqueles que adoravam Chapman se despedem dele com uma formidável gargalhada coletiva.

Essa é, aliás, a virtude máxima do humor. Um antídoto para nos distanciarmos de temas incômodos, dolorosos, ofensivos ou estressantes. Rir para pôr em marcha a fábrica cerebral do Nepente. Muitas vezes, como no enterro de Chapman, o riso nos ajuda a superar adversidades coletivas sincronicamente. Robert Levenson explorou esta ideia com alguns experimentos curiosos em que observou como casais reagem a conversas estressantes. Em determinados momentos da discussão, algumas pessoas começam a rir. E o riso, além de ser um santo remédio para o estresse, constitui também um excelente indicador da durabilidade da relação. Ou seja, a risada nos une.

José Mourinho, o famosíssimo técnico português, é um personagem público que decidiu adotar uma personalidade pública arrogante e belicosa: em geral, é amado ou odiado, sem meio-termo. A parte mais curiosa é a distribuição de afetos: enquanto na Espanha ele desperta sobretudo ódio, na Inglaterra ele é adorado (ou foi durante muito tempo, antes de uma segunda fase mais contestada). Como o mesmo personagem pode provocar reações emocionais tão diferentes? O jornalista desportivo John Carlin propõe uma explicação bastante instrutiva. A Espanha o leva a sério e a Inglaterra, na brincadeira. Para os ingleses, Mourinho representa um espetáculo, uma forma de humor. Não o encaram com a gravidade e inevitabilidade reservada a assuntos próximos. Eis aqui mais um recurso útil para guardar na manga, como a história da montanha-russa: pensar que tudo não passa, afinal, de mero entretenimento. As coisas não são tão graves nem sérias assim: o futebol não é, Mourinho tampouco, as brigas e discussões de casais quase nunca são e, talvez, nem mesmo a morte seja.

PALAVRAS DE CONFORTO

Resta agora compreender como e por que aprender a falar consigo mesmo de forma mais justa e compassiva nos ajuda a desfrutar de uma vida muito melhor. O conceito de autocompaixão é importado do budismo e, portanto, é uma trama complexa que resultou em um peculiar diálogo com a ciência ocidental, de tradição intrinsecamente reducionista. Encontro não apenas curioso como também produtivo, rendendo três décadas de pesquisas teóricas, experimentais e práticas que todos podemos aplicar, até certo ponto, à nossa própria vida.

Conversamos com nós mesmos o tempo todo. Basta passarmos três segundos sozinhos (e sem celular) para ressoarem em nossa cabeça vozes surgidas de improviso, lembrando o que precisamos fazer no dia seguinte, falando como determinada partida poderia ter acabado de outra forma, lembrando uma música de C Tangana, ruminando sobre a pessoa que amamos, a que nos abandonou ou a que abandonamos, a prova do dia seguinte ou a conversa que acabamos de ter com alguém antes de o elevador chegar, e as coisas que gostaríamos de ter dito mas não dissemos. O cérebro tem um modo de funcionamento *default* que envolve um conjunto de regiões cerebrais distribuídas majoritariamente por sua linha média. Este sistema se alterna com outra rede que controla tudo que fazemos deliberadamente, com esforço, com propósito, com um foco específico. Quando a mente divaga no meio da leitura ou conversas internas surgem do nada no meio da caminhada é porque o cérebro entrou no modo *default*. Essas divagações diurnas ocupam uma parte substancial de nossa vida e se intrometem, interrompendo outros processos cerebrais. O cérebro ocasionalmente se retira para sua própria fábrica de ideias. Chris Frith, grande neurocientista inglês da consciência, afirma que todos nós produzimos constantemente delírios mentais semelhantes aos de um esquizofrênico. A única diferença é que a mente sã reconhece essas vozes como sendo suas. A não ser, como vimos anteriormente, quando há criatividade em jogo.

A jornada das vozes interiores

Nos últimos anos, foi apontado que as conversas que temos com nós mesmos costumam ser tóxicas. O psicólogo Dan Gilbert descobriu que as pessoas costumam se sentir menos felizes se a mente divaga em conversas mentais, pois estas vozes costumam vir carregadas de ansiedade e frustração. Nunca nos ensinaram a ser viajantes em nossa própria mente e, por isso, quando deixada ao bel-prazer, ela tende a convergir repetidamente em lugares obsessivos. Quem já sentiu ciúme costuma ficar preso a esta experiência a cada nova relação. Quem se deixa levar pela raiva sempre vê o mundo através do filtro da ira. A mente tem enorme inércia e, como um bebê incapaz de parar de chorar por vontade própria, tem dificuldade de sair dos bairros onde já se estabeleceu.

Stanislas Dehaene, meu mentor e um dos neurocientistas mais extraordinários que existe, tem um mapa-múndi em casa, onde marca com cores os lugares que já visitou. Aventureiro e curioso como é, Stan usa o mapa para decidir quando recebe um convite. Se este vier de um país que nunca visitou, a oferta é muito mais tentadora. Como quem viaja sempre para o mesmo lugar, mas dentro da mente, a bel-prazer, nunca escolhemos paisagens bucólicas. A mente costuma convergir em cavernas escuras.

De forma que, para aprender a ter autocompaixão, precisamos antes desaprender o modo espontâneo com que falamos com nós mesmos. Mudar o hábito, o tom e o estilo de nossas ruminações para que o diálogo interno não seja uma batalha campal em nossa própria mente.

Em 2003, Kristin Neff, da Universidade do Texas, publicou um artigo intitulado "Desenvolvimento e validação de uma escala para medir a autocompaixão". É um esforço exemplar de como pegar um conceito amplo que não é próprio da cultura ocidental para convertê-lo em objeto de estudo da ciência.

A autocompaixão é medida com respostas em uma escala ao grau de correspondência com afirmações como "Procuro ser compreensivo com os aspectos que não gosto de minha personalidade" ou "Nas horas realmente difíceis, costumo ser duro comigo mesmo". Esses dois cenários estão relacionados à primeira dimensão da autocompaixão: o eixo que vai do julgamento crítico ao compassivo.

A segunda dimensão mede a perspectiva pessoal com a qual nos observamos, seja com o olhar voltado para nós mesmos ou para a experiência humana comum. Viver a vida sabendo que somos, como na canção de Drexler, "apenas um grão de sal no mar do céu". Os dois cenários do questionário são "Quando as coisas vão mal, encaro os problemas como coisas da vida que acontecem com todo mundo". E, no polo oposto, "Quando me sinto deprimido acho que todo mundo é mais feliz do que eu".

A terceira dimensão serve para determinar se temos mente aberta para lidar com nossas emoções, compreendendo que todo sentimento costuma ser complexo e ter muitas arestas, ou se, pelo contrário, a pessoa se prende a determinados aspectos, geralmente negativos. Os dois cenários que medem os polos desta predisposição são: "Quando me sinto mal, procuro me aproximar de meus sentimentos com curiosidade e uma atitude receptiva" e "Se algo me magoa, tendo a ser obsessivo e me fixar apenas nas coisas negativas".

Na escala de Neff há um total de trinta cenários, cinco para cada polaridade em cada uma das três dimensões. Em geral, é relativamente fácil se posicionar em cada uma dessas afirmações. Na verdade, elas parecem um pouco triviais. Mas é o modo mais direto e efetivo de quantificar a autocompaixão. Os três elementos que a formam são, em certo sentido, independentes e sua proporção varia de pessoa para pessoa. Uma mistura bem balanceada dos três nos torna autocompassivos.

Enumerar esses "átomos" da compaixão também é útil para delimitá-la e não confundi-la com a empatia. As duas coisas implicam um elo emocional com o outro, mas há uma diferença essencial. A empatia pressupõe imitar a tristeza alheia com a própria; a compaixão, por sua vez, é a intenção de resolver e remediar essa tristeza. A autocompaixão costuma ser muitas vezes confundida com o excesso de autoestima. Mas, diferentemente da compaixão, a autoestima possui um componente narcisista. Ser compassivo é ser equânime. É não se amar nem mais nem menos, é simplesmente ser gentil e ter uma predisposição aberta. Veremos mais adiante que essas duas formas de amor-próprio, uma delas compreensiva e a outra adulatória, geram diferenças substanciais no modo como nos relacionamos com nossas experiências, fracassos, ideias e emoções.

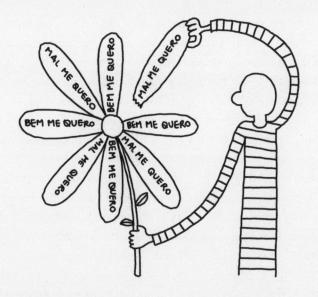

Ciência compassiva

Cada um vem "de fábrica" com sua própria bagagem, alguns com propensão a serem mais críticos e outros de serem mais compassivos. É possível mudar essa tendência, mas para isso precisamos de um pouco de prática, motivação e expectativas adequadas. Qualquer um consegue melhorar e essas pequenas melhoras acabam por vezes ocasionando mudanças substanciais. Vale a pena tentar, porque, em última instância, nossa vida se dá por intermédio da experiência mental. Ela é tudo que temos.

Só falta acrescentar um ingrediente à vontade, ao tempo e às expectativas comedidas para chegar à lista universal do aprendizado adulto: um bom método. E tem receitas para todos os gostos (proponho uma ao final do capítulo, para quem tiver curiosidade). Mas há algumas ideias-chave que se repetem em todas. Primeiro, para exercitar a autocompaixão precisamos de compaixão, que é uma expressão emocional muito mais natural. Já dissemos: conversar com o outro para aprender a conversar consigo mesmo. Também já mencionamos o paradoxo: a compaixão não combina com a intensidade amorosa e a proximidade afetiva. Segundo, como todo trabalho de regulação mental ou emocional, trata-se, em essência, de um exercício de foco. Temos de aprender a direcionar o pensamento para certas ideias em um universo mental imenso com ofertas muito mais atraentes. Trata-se de utilizar de maneira eficaz o sistema de controle cognitivo que já examinamos em outras partes do livro. Concentrar-se no bem-estar alheio parece bastante simples. Mas, com frequência, a mente divaga e se contamina com outras ideias. Boa parte do exercício repetitivo consiste em conseguir sustentar o estado compassivo, algo que exige tempo e esforço, e a melhora é gradativa. É semelhante ao exercício físico, não em seu fundamento fisiológico, mas serve como metáfora. A tarefa é despertar o estado compassivo para que seja mais frequente em momentos cotidianos da vida.

Veremos agora que a autocompaixão funciona: que proporciona uma melhora da vida física e mental sem nos deixar autocomplacentes. Para isso, precisamos novamente da ciência. Quando analisamos estudos sobre a evolução de pacientes de aids, vimos que a solidão agrava a deterioração da saúde. Também vimos que o contrário da solidão não é contar com milhares ou milhões de seguidores nas redes sociais, e sim ter alguém com quem falar de maneira franca, calorosa e compreensiva. No meio de uma multidão, como apontamos nos primeiros capítulos, é impossível de conseguir.

Neste capítulo, pudemos dar um nome preciso à emoção oposta à solidão: chama-se compaixão. E esboçamos outra ideia. Convém sermos compassivos com a pessoa com quem mais conversamos: nós mesmos. Porque, como veremos agora, o autocompassivo vive com menos toxicidade física e emocional.

Neff descobriu isso em um experimento no qual os participantes devem falar em público e resolver problemas de aritmética, duas causas típicas de estresse. Os autocompassivos superam esses desafios com maiores índices de resiliência e bem-estar psicológico. A mudança de perspectiva afeta também nossa fisiologia e, mais concretamente, o sistema nervoso simpático, que nos prepara para reagir de forma rápida e enérgica diante do perigo. Sua contrapartida é o sistema parassimpático, que deixa o corpo em um estado de relaxamento, repouso e economia de energia. Pessoas mais compassivas expressam menos alfa-amilases e interleucinas, duas moléculas disparadas quando o sistema simpático se excede em resposta ao estresse. Ou seja, manter uma mentalidade compassiva poupa o corpo de suas próprias reações exageradas.

Outro estudo chave sobre o potencial da autocompaixão foi feito pelo grupo de Mark Leary, da Universidade Duke. Convém repassarmos cada uma das camadas desse experimento, já que elas ajudam a identificar situações em que a falta de compaixão pode produzir todo tipo de toxicidades.

No primeiro estudo, os participantes lembram a pior coisa que aconteceu nos últimos quatro dias e assinalam o grau de emoção desta lembrança. O autocompassivo rotula suas lembranças com emoções menos negativas. Como vimos no capítulo sobre a memória, isso, por sua vez, muda o tom geral da narrativa autobiográfica, de como nos vemos no espelho.

Será que gente menos autocompassiva agrava a própria narração, ou será que possuem mais lembranças negativas disponíveis na memória? O segundo estudo responde esta pergunta apresentando os mesmos cenários fictícios a todos os participantes: em um deles, são reprovados em uma prova importante, em outro são responsabilizados pelo fracasso de sua equipe numa competição esportiva e, no terceiro, esquecem do que anotaram enquanto falam em público. Da mesma forma que antes, a pessoa autocompassiva avalia essas experiências com menos negatividade e tende a considerá-las contratempos normais que fazem parte da vida.

Considero o terceiro estudo o mais engenhoso. Nele, os participantes se apresentam e falam das coisas que gostam e com as quais se identificam, seus sonhos e projetos de vida. Minutos depois, a apresentação é avaliada por outra pessoa. Mas há uma pegadinha, é claro: o parecer é manipulado ao acaso; para alguns é elogioso, para outros, crítico. Os resultados revelam duas camadas distintas de proteção para os autocompassivos. Eles são menos influenciados pelo olhar externo, mesmo quando o acaso os leva a se deparar com um julgamento negativo imerecido, e sua própria avaliação é livre de dramas, mesmo quando não é boa.

O estudo nos ajuda a entender a diferença entre a autoestima e a autocompaixão: duas formas de olhar para nós mesmos que, como dissemos acima, embora parecidas, são bem diferentes. A avaliação dos que têm pouca autocompaixão é pior do que a feita por um avaliador neutro. É o julgamento próprio, severo e rígido. Pessoas com autoestima elevada, por outro lado, acham que o desempenho foi muito melhor do que realmente foi. É mais uma lente distorcida, narcisista. As autocompassivas, por sua vez, produzem um parecer calibrado, nem mais nem menos que a avaliação neutra. Não trata a si mesmo nem com adulação nem com desprezo. Trata-se de forma equânime e, acima de tudo, gentil.

O resultado explica a razão dessa intuição equivocada. Costumamos achar que a autocompaixão impede o aprimoramento, que pessoas que não gritam ostensivamente consigo próprias não são exigentes. Mas, como vimos, a autocompaixão não leva à complacência. Muito pelo contrário: ela nos oferece a oportunidade de avaliar com maior objetividade o que fazemos. Sem tanto drama.

O valor de um carinho

Eu viajava da Europa à América do Sul. Quando cheguei ao aeroporto, havia duas filas para o check-in. Peguei a mais curta, onde havia apenas um senhor acompanhado de uma mulher bem mais jovem. Mas, infelizmente, o trâmite do casal se revelou interminável. Em algum momento, eu me aproximei, irritado, e disse que, se continuassem questionando cada coisa que lhes diziam, nunca sairíamos dali. Pouco depois, voltamos a nos encontrar na fila de embarque. Os mesmos protagonistas na mesma ordem. O sujeito, que agora parecia muito mais velho do que na primeira impressão, dirigiu-se ironicamente à jovem: "Filha, deixa o moço passar que ele está com pressa". Envergonhado, disse que não. Que eles passassem. Na metade do túnel, chegando ao avião, por conta da frágil voz daquele idoso, a história do "filme" mudou por completo. Percebi que, dominado pela ansiedade, eu havia apressado uma pessoa vulnerável. E, num gesto mínimo, que exigiu toda minha coragem, pedi desculpas. Disse que sentia muito por ter perdido a compostura com o estresse da viagem. O homem quase me abraçou. Apanhei sua mala, acompanhei-o até o avião, fui para meu lugar e dormi como nunca antes em um voo transatlântico. Mas não foi graças ao conforto do assento. Sem a mudança de atitude, eu teria passado o trajeto todo ruminando sobre o bate-boca, analisando quem tinha razão, a demora, o tempo perdido... e jamais teria pegado no sono. Uma viagem produzindo interleucinas, cicatrizes e ressentimento.

Essa não passa de uma história ínfima. Prefiro pensar que todo mundo já passou por alguma situação em que, com o simples gesto de oferecer uma mão amiga, sua vida mudou para melhor. Porém, mais do que proclamar esta ideia como um desejo, quero apresentar evidências de que a perspectiva compassiva de fato faz bem. Para isso, Hedy Kober realizou um experimento com pessoas sem experiência nem particular aptidão para a compaixão. Como a maior parte de nós. Ela apresentava aos participantes fotografias com conotações emocionais negativas e os tocava com um metal quente, prestes a causar dor. Os resultados foram contundentes: a resposta cerebral a estímulos nocivos muda drasticamente quando as pessoas eram convidadas a assumir uma perspectiva compassiva. Era registrada menor atividade na famosa amígdala e nas áreas do cérebro associadas à percepção da dor. E isso acontecia sem aumentar a atividade no córtex pré-frontal nem em outras regiões do controle cognitivo. Parece animador: é possível, apenas pelo bom uso das palavras, *amenizar a dor*, sem nenhum esforço sobre-humano, sem trincar os dentes.

A demonstração mais trágica e contundente da força da compaixão vem da Romênia. Pouco após a morte de Nicolae Ceauşescu, denunciou-se publicamente a existência de uma rede de orfanatos em que 170 mil crianças haviam ficado completamente abandonadas. Os primeiros a chegarem a esses orfanatos, como Nathan Fox, do Centro de Desenvolvimento Infantil de Harvard, contam que havia um silêncio absoluto nos dormitórios. Com a falta de afeto e compaixão, as crianças haviam perdido a fala. Os bebês passavam o dia largados em catres até alguém aparecer para alimentá-los ou trocar suas fraldas. Não se escutava uma única canção, uma palavra; não se viam gestos amáveis, carinho algum. Viviam em absoluto desamparo. É a versão mais trágica do experimento de Cacioppo.

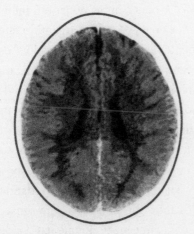

Cérebro de uma criança com desenvolvimento afetivo e educacional normal.

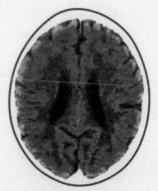

Cérebro de uma criança sem contenção afetiva, educativa e social.

Depois da transição democrática, muitas dessas crianças foram adotadas e submetidas a uma série de estudos. Quase todas apresentavam graves problemas cognitivos. E um cérebro anormalmente pequeno. Com um pouco de atenção, é possível apreciar que os ventrículos, as cavidades por onde flui o líquido cefalorraquidiano, ocupam uma área maior do espaço e que a massa cinzenta exibe fraturas, indicando atrofia cortical.

Esse estudo demonstra que o afeto é um combustível vital para o desenvolvimento normal do cérebro e, por sua vez, muda nossa percepção sobre como funciona o estresse. O mais natural é supor que o estresse resulta do excesso de experiências tóxicas, mas agora percebemos que resulta do inverso: a ausência de afeto é uma fonte primordial de estresse. Por isso qualquer cachorro, humano ou mamífero de outra espécie quer ser tocado. Eis a essência da compaixão: proporcionar alívio, na forma de gestos e palavras, para que o ser humano se desenvolva em um ambiente adequado.

No dia 8 de setembro de 1979, pouco antes do jantar, meus pais saíram de casa. Fazia três anos do golpe militar argentino que fizera do sequestro seu instrumento de terrorismo de Estado. Aos sete anos de idade, e a um oceano dali, em Barcelona, eu ficara impregnado com o medo latente de que, a qualquer momento, alguém fosse desaparecer. Por isso, quando entrei no quarto de meus pais na manhã seguinte e me deparei com sua cama vazia, achei que finalmente se rompera o fio dessa espada de Dâmocles. O medo me deixou tão cego que esqueci o óbvio: minha mãe estava grávida de nove meses. Nesse dia, ela estava no hospital, dando à luz a Lucas. O terror daqueles anos ofuscava até o bom senso.

Um ano depois, esse medo desapareceu até do que havia sido seu horário predileto: o prelúdio da noite. Antes de dormir, eu me aconchegava junto a meu irmão, acariciando suas costas enquanto improvisava histórias. Nada mais hipnótico que um carinho nas costas. É anatomicamente impossível para nós tanto vê-lo como fazê-lo com nossas próprias mãos e por isso ficamos tão calmos: porque nos sentimos protegidos por alguém que, ao tocar em nossa pele, cuida de nossas costas. A surpreendente força reflexiva desse gesto faz com que essa paz se irradie também para quem acaricia. Coçar as costas de Lucas toda noite fez com que meus medos se evaporassem e, no fim, que fosse eu a acreditar nas histórias que eu lhe contara.

EXERCÍCIO I
A prática da autocompaixão

Dentre as muitas práticas existentes, aprecio particularmente a que Sam Harris incluiu em seu projeto *Waking Up* [Acordar]. Além de ser um neurocientista, Sam dedica uma enorme parte de seu tempo à prática meditativa, fundindo suas duas paixões em um projeto que forja uma sinergia ampla e aberta entre tradições culturais distintas. Ela foi muito útil para mim e me ajudou a mudar o hábito de um foco crítico para um mais compassivo. Este exercício está dentro da grande categoria do mindfulness. Tem um tom particular, como se fosse — por assim dizer — um ritual secular, e é, acima de tudo, uma espécie particular de conversa interior repetida, rítmica, pausada, como as histórias que liam para nós quando éramos pequenos. Tenho consciência de que alguns leitores podem torcer o nariz para este discurso, na forma de mantras, mas creio que, especialmente neste caso, será um bom exercício de indagação. Na versão de Harris a prática da autocompaixão consta dos seguintes passos:

1. **Tomar o volante da atenção e conduzi-la ao mundo interior**
   Podemos começar fechando os olhos para evitar distrações visuais, que magnetizam demais a atenção. A seguir, focamos a respiração.

Dos muitos processos internos, a respiração é o mais tangível,* por ser sentida no abdômen, no nariz, e por até mesmo ser ouvida. Além disso, a respiração é rítmica, e tem uma frequência adequada, nem muito rápida nem muito lenta, o que a converte em um relaxamento ideal para conduzir a atenção ao mundo interior. Essa ideia tem sua correspondência no cérebro. Um estudo meu e de Pablo Barttfeld mostra que as redes cerebrais ativadas quando conduzimos a atenção para a respiração — ou para o corpo em geral — são quase as mesmas de quando a conduzimos para nossas próprias ideias.

2. **Pense em alguém por quem sinta compaixão**
   Por ora, deixe a autocompaixão de lado. Também não vale pensar na cara-metade, nos pais, nos irmãos, porque essas relações são complexas, às vezes possessivas, e geram um mar de conflitos. O ideal é ter em mente alguém com quem temos uma relação franca, em alguém com quem temos um vínculo pacífico, que nunca nos deu raiva. De preferência um amigo. Na verdade, o mero processo de identificar esta pessoa é um excelente exercício por si só.

3. **Dirija a atenção para o desejo de que essa pessoa seja feliz**
   Uma forma de conseguir isso é repetir lentamente uma série de desejos. Como uma litania ou um mantra, com seu poder de transportar a atenção: que a pessoa encontre a felicidade; que realize seus sonhos; que tenha uma vida de paz; que fique a salvo da pior parte da vida; que tenha grandes amizades. A seguir, girando o volante, é preciso tentar conduzir a atenção da pessoa para o desejo em si. Às vezes, ajuda visualizar-se como uma fonte radiante. E assim chegamos ao quarto passo.

---

* Há também o batimento cardíaco, embora seja mais indireto que a respiração (como sabe qualquer um que já tomou o pulso de alguém). Quê, vocês querem outro processo? Que tal tentar perceber o pâncreas segregando insulina?

4. **Note que esta viagem mental funciona**
   Ponha a lupa sobre a própria mente e observe a emoção induzida. É parecido com sentir o corpo depois de fazermos amor e reconhecer as palpitações, os calores, os suores, e as expressões que constatam reflexivamente a emoção que produzimos. Após o foco ser levado à compaixão, sentimos que nossa mente está tão flexível, relaxada e calma como nossas pernas depois de esticá-las. Por mais simples que pareça, trata-se de uma pequena revelação. A compaixão também é reflexiva. Desejar carinho aos outros amolece e adoça nossa própria mente.
5. **Fique atento a possíveis distrações**
   A prática não está isenta de distrações que assaltam o controle mental, como acontece quando lemos ou dirigimos. O cérebro em modo *default* declara um golpe de estado em pleno centro da meditação. É importante identificar este problema, contemplá-lo sem julgamento e voltar a um dos passos anteriores: a respiração, a irradiação compassiva, aos votos de uma vida plena ou a felicidade reflexiva que isso nos traz.

6. **Repita esses passos com uma relação menos pessoal**
   A segunda etapa consiste em exercitar a compaixão com um desconhecido: alguém que encontramos na rua, o caixa do supermercado, ou a mulher que organiza o trânsito. A chave é compreender que o combustível da compaixão não é a intensidade do amor, mas a ausência de conflito. Com esta pessoa em mente, repetem-se os passos: concentre-se em sua respiração, pense na pessoa, compreenda como lhe desejar o bem e como isso irradia felicidade e essa radiância nos alcança, apazigua nossa mente e transforma nossas expressões e nossa respiração. Ela nos faz sentir bem.
7. **Leve a atenção ao desejo de aliviar o sofrimento**
   Uma vez trabalhada a forma mais acessível da compaixão — a de simpatizar com a felicidade alheia —, é hora de visitar a sua face mais complexa, a mais relevante: o desejo de aliviar o sofrimento alheio. Vamos começar de novo com alguém por quem podemos sentir compaixão mais facilmente. Mas imagine que essa pessoa não está radiante agora: está sofrendo. Perdeu um ente querido, ou talvez esteja lidando com sua própria dor ou sinta a vertigem da morte. Agora mude a imagem evocada, mas não o desejo. Essa, dizíamos, é a diferença substancial com a empatia. Não choramos. A boca não se curva em tristeza. A intenção continua sendo a mesma. Que ela não sofra. Que fique bem. Que se sinta em paz. Por mais difícil que seja, é possível se concentrar e reconhecer o desejo de felicidade que causa essa intenção.
   Compreendemos que o mundo é cheio de sofrimento. Que as pessoas nascem e morrem e que todos vivemos ou viveremos dores grandes e pequenas. O foco não é esse, nem da raiva do mundo pelas dificuldades que já enfrentou, mas sim na intenção repleta de amor que estamos irradiando e no desejo profundo de que as coisas melhorem.

O exercício não é fácil e o progresso é lento. De vez em quando, o foco se perde completamente. Imaginar um ente querido triste nos enche de tristeza. Então invocamos novamente o desejo de aliviar o sofrimento. De vez em quando, é preciso parar e voltar à primeira casa: a respiração.

8. **Dirija a compaixão ao mundo**
Primeiro exercitamos a compaixão por uma pessoa pela qual sentimos um amor sincero. Depois por um desconhecido. Agora a dirigimos ao mundo todo. Como se fôssemos Charles Xavier e sua máquina, o Cérebro, contemplando a alegria e o sofrimento de todos os X-Men. Pensamos em todos os nascimentos que ocorrem em um segundo, em todas as festas, nos formandos, nos que dão o primeiro beijo. Também nas guerras, nas doenças, nas catástrofes, na miséria. A cada instante, milhares de milhões de pessoas rindo, gritando, chorando, brindando, nascendo, morrendo. É possível, como parte do exercício, irradiar compaixão de uma maneira tão inespecífica que podemos dirigi-la até ao próprio planeta. A razão de ser desse exercício é obter perspectiva. E isso é algo bastante necessário, porque no passo seguinte seremos nós o objeto da compaixão, e então o problema passa a ser o espaço que ocupamos em nossa representação subjetiva do cosmos.

9. **A autocompaixão**
Exercitamos como governar a atenção para pôr o foco no mundo interior através da respiração, como projetar uma intenção sincera, identificá-la, ver como nos transforma, irradiar uma intenção positiva sem nos contagiarmos com o mundo do sofrimento e reconhecer que somos ínfimos no universo. Após todo esse caminho percorrido, agora cabe a nós ser o objeto da compaixão. Converta-a em autocompaixão. E repita toda a sequência de passos. Deseje a si mesmo uma vida feliz, radiante. Recite os mesmos

votos, agora para si mesmo, como um mantra: que eu encontre a felicidade, que eu realize meus sonhos, que eu viva uma existência pacífica, que fique a salvo do pior, que minhas amizades sejam profundas. Depois repita. Porque não basta saber, é preciso gravar o hábito à força de repetição. Escutar a própria voz enunciando essas palavras de carinho.

EXERCÍCIO II
Ideias do capítulo 6 para viver melhor

1. **Deixe ilusões correrem livres**
   São boas motivações e combustível para termos perseverança em territórios desconhecidos ou difíceis. Celebre a satisfação de seus êxitos e seus entusiasmos sem perder de vista que, muitas vezes, não passam disso: uma ilusão.
2. **Trate-se como trata seus amigos**
   Não gostamos mais nem menos de nossos amigos por terem vendido mais, trabalhado por mais horas ou acumulado mais sucessos "materiais", e sim porque essa pessoa nos diverte, porque podemos contar com ela quando precisamos e porque ela cuida de nós. Avalie quais são as coisas verdadeiramente importantes em sua vida e julgue-se sem severidade, como você faria com um amigo.
3. **Tenha compaixão**
   É particularmente difícil dirigir a compaixão a nós mesmos e àqueles que mais amamos, mas é uma das formas mais eficazes de atenuar o sofrimento e ser mais feliz. Aja com justiça, abrace, acolha, aceite, cuide. Ser assim com os outros é um bom exercício para transferir essa mesma perspectiva para seus entes queridos e, certamente, para si mesmo.

4. **Lembre-se de que a melhora da vida emocional exige prática**
   Mudar a vida emocional exige, em boa medida, mudar o modo como você dialoga consigo e evitar que, por falta de alternativa, seus pensamentos se dirijam irremediavelmente a lugares escuros, cheios de frustração, angústia ou ira. Não é algo que possa ser feito de uma hora para outra nem tampouco basta desejá-lo. Exige prática, constância, trabalho e vontade, porque pressupõe mudar nossos hábitos mais arraigados.
5. **Crie mecanismos de distanciamento na conversa interior**
   Algumas pessoas escrevem cartas para seu "eu do futuro". É um bom exercício de tomada de perspectiva. Escrevemos a outra pessoa, a nós mesmos em outro tempo. Ler a carta também é uma prática interessante de dissociação da identidade: leia para si mesmo como se fosse outra pessoa. Que coisas você diria ao seu eu do futuro? No geral, surgem medos e angústias que acreditamos poder afugentar um dia e que comunica com a esperança de que, do outro lado do tempo, alguém que já superou isso os leia. Eis aqui um dos muitos dispositivos ao nosso alcance para aprender a entabular boas conversas com nós mesmos.
6. **Evite o reflexo de julgar**
   Um prato, um quadro, uma pessoa, uma emoção… tanto faz, o primeiro reflexo costuma sempre ser o de julgar. É bom ou ruim? Te faz bem, faz bem para os outros? Julgar cada experiência numa escala de valor é um hábito do qual podemos nos livrar. Sentir sem julgar nos proporciona a oportunidade de desfrutar mais amplamente a riqueza e a complexidade da vida. Talvez o medo não seja bom nem ruim, assim como um prato apimentado, ou determinada canção estranha que desperta nosso interesse e nos surpreende muito mais se a escutarmos sem tentar pensar do que se trata, de quem ou se é boa ou ruim.

7. **Abraçar, contar histórias, acariciar quem você ama fará você se sentir melhor**

Quando chega o final do dia, o trabalho, o estudo, o corre-corre cotidiano, nós procuramos formas de relaxar para obter uma boa noite de sono. Neste momento, iluminam-se as telas e nos entretemos com filmes, leituras, jogos e todo tipo de coisa para distrair a mente dos resíduos do dia. Vale a pena experimentar, entre elas, exercitar o carinho pelas pessoas que mais amamos. Elas se sentirão protegidas e relaxadas e, como o afeto é reflexivo, você também se sentirá assim.

Epílogo:
O espelho de Feynman

Richard Feynman ganhou o Prêmio Nobel em 1965 por ter combinado a física do século XIX à do século XX, o eletromagnetismo com a mecânica quântica. Este salto conceitual, que o catapultou à condição de um dos pensadores mais extraordinários da ciência, foi consequência de uns diagramas simples, de uns desenhos quase infantis. Os diagramas de Feynman continuam sendo a melhor maneira de entender a interação das partículas no universo quântico.

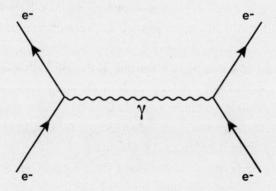

Esta história não é casual. Feynman era dotado de uma virtude impressionante. Ele conseguia pensar em qualquer problema com simplicidade e clareza, e expressar com linguagem acessível cada elo lógico, sem um pingo de ambiguidade. Daí vieram seus diagramas. Ele concebeu uma forma simples de representar visual e mentalmente as interações mais complexas da matéria. Simples e ao mesmo tempo profunda. No mundo segundo Feynman, esses dois conceitos, em vez de opostos, como costumamos pensar, são quase redundantes.

Por isso mesmo, Feynman foi um professor extraordinário. Quem teve o privilégio de assistir a suas aulas assegura que eram a experiência educacional ideal. A sensação física de que o conhecimento expressado com tanta clareza, como a melhor música, eleva. Feynman afirmava que a causalidade era inversa: não ensinava bem porque pensava com clareza. Ao contrário: ele pensava com clareza porque ensinava bem. Era sua fórmula para se tornar um bom cientista e, de forma mais geral, um bom pensador. Ensinar da maneira mais clara e simples possível qualquer problema difícil de entender.

O método de Feynman consiste em um ciclo que se repete. Escolher e definir bem um problema de estudo. Refletir a seu respeito. Explicá-lo a outra pessoa, de preferência uma criança. Encontrar todos os pontos onde a explicação não flui. Em geral identificamos esses pontos porque são onde balbuciamos ou usamos palavras sofisticadas para disfarçar nossa confusão. Uma vez identificados, voltamos a estudá-los e repetimos a explicação até ela fluir de maneira impecável. Só quando isso ocorre que realmente compreendemos o problema.

A ideia de Feynman não é nova. Está alicerçada numa máxima de Sêneca, *"docendo discimus"*, ou seja: é ensinando que se aprende. A virtude dele foi reconhecer e destacar sua importância. Este livro herda essa marca. Em cada capítulo está a ideia de que a conversa constitui a melhor forma de aprender a pensar. Mas não é o que acontece na maioria das conversas. Elas exigem algo que Feynman dava por certo: que não se convertam em enfrentamento nem em batalha, e sim em um processo mútuo de descobrimento. Falar para aprender, não para convencer.

Peguei essa ferramenta emprestada, pensada originalmente para explicar fatos da ciência e da natureza, a fim de levá-la ao descobrimento de nossa experiência mental. Podemos emular o procedimento de Feynman. Explicar o que sentimos, ou por que acreditamos no que acreditamos, ou por que tomamos tal decisão. Usar palavras simples, como se dirigidas a uma criança, e, conforme o fazemos, prestar atenção aos pontos que não se sustentam em nossa história. Depois voltar a analisar tudo para revisar as razões que nos levaram a sentir uma emoção ou a tomar uma decisão. Tentar, com esse exercício introspectivo e narrativo, chegar a lugares profundos de nossos sentimentos.

De certa maneira, realizei aqui meu próprio exercício de Feynman. No processo de organizar essas ideias, de questionar criticamente quando e por que são relevantes, e como colocá-las em prática, encontrei uma versão melhor de mim mesmo. Uma versão que, a meu ver, parece mais bela. Volto ao princípio, nessa viagem indefectivelmente circular, de todo livro: espero que essas ideias tenham sido úteis, ou curiosas, ou divertidas, ou estimulantes no exercício permanente de investigar esses cantos tão caprichosos e íntimos de nossas vidas.

Agradecimentos

Este livro sobre a arte da conversa é o resultado de excelentes conversas; desta vez, o espeto não foi de pau na casa do ferreiro. O livro começou a tomar forma em um curso que dei no Instituto Baikal sobre o poder das palavras, no qual algumas ideias desordenadas se entremearam em uma história. Comecei a escrever pouco depois, conversando do primeiro ao último dia com Marcos Trevisan, meu companheiro de viagem. Debatemos, escrevemos, brincamos, convivemos e, acima de tudo, rimos. Muitos destes momentos bem-humorados terminaram nas notas de rodapé. A caneta de Marcos, assim como sua vocação para brincar com as palavras e sua amizade, estão presentes em cada página.

No processo de escrita, procurei sempre conectar a ciência à filosofia, a história à literatura. Este nexo foi sendo preparado a fogo baixo em conversas com Mariana Noé em Nova York, com Christián Carman em Buenos Aires e com Santiago Gerchunoff em Madri. Com Mariana, preparamos um conversatório de ciência e filosofia que se traduziu, na última seção do capítulo 5, em uma investigação prática sobre as emoções e como regulá-las, que escrevemos juntos. Christián foi meu guia na viagem à antiguidade, com sua contagiante paixão pela obra de Aquino e Aristóteles. Com Santiago, as conversas foram sobre temas mais contemporâneos, mas à moda antiga. Em belos banquetes onde confluíam a filosofia, a história, a política, o futebol e a literatura.

Conversei com Pedro Bekinschtein sobre a memória, com Michael Posner, Philipp Kanske e Adela Sáenz Cavia sobre a regulação emocional. Melina Furman me ajudou a compreender como a memória e a criatividade se entrelaçam no mundo da educação. Com Gerry Garbulsky e Emiliano Chamorro troquei ideias "à la Feynman", em conversas francas no espírito de entender e descobrir.

De volta a Madri, vieram os dias perfeitos e as estações de regresso com Jacobo Bergareche. A conversa teve o tom e a intensidade de nossa amizade. Quatro dias parando apenas para comer e beber devidamente, dos quais saí esgotado e com um acúmulo de histórias que pululam nas páginas deste livro: Nepente, George Harrison, as primeiras vezes e o mal que faz dispor de uma única palavra para se referir aos diferentes tipos de amor. Contei com sua parceria para escrever os pontos principais que depois Javi Royo, em outra conversa regada a muito humor, moldou em palavras e desenhos. É surpreendente poder se encontrar com alguém pela primeira vez e se conectar no diálogo, na intenção e na realização como se houvéssemos trabalhado juntos a vida inteira. Borja Robert me ajudou a destilar, do que estava escrito, ferramentas práticas a serem incorporadas ao final de cada capítulo. Isabel Garzo Ortega ajudou a converter o fluxo de argumentos em diagramas que se transformaram em uma primeira versão dos resumos gráficos de cada capítulo. Milo e Noah encheram minha vida de piadas que transcrevi nas notas de rodapé, me lembrando que é sempre bom aprender a rir de si mesmo.

No fim, pensei que tinha terminado. Mas ainda faltava fazer com o texto o que disse que fazemos com nossa própria memória:

editar, reescrever, apagar, corrigir. Reconsolidar. E esse processo começou pelas conversas com Iñigo Lomana, que me devolveu um original repleto de correções e sugestões. Depois com Santiago Llach, que me pediu para trocar o goleiro faltando dois minutos para o final da partida. Ele invocou Hemingway e, com essa gentileza, me convidou a reescrever algumas das passagens às quais eu mais me aferrara. Era colocar em prática o que eu havia escrito. Abraçar a diferença, a contradição, os diferentes pontos de vista. Gabriela Vigo revisou o texto com muitíssimo cuidado e, em suas correções, me lembrou que minha maneira de escrever mistura irremediavelmente os anos vividos na Espanha e na Argentina. Laura Angriman deu vida às ilustrações. Com Anna Villada e Gabriel Mindlin, li o texto rapidamente para nos assegurarmos de que, depois de tanto bate-papo, ainda tivesse forma de livro. O leitor dirá. E, então, ele voltou ao ponto onde havia começado: nas mãos de Roberto Montes e Miguel Aguilar, meus editores e amigos de ambos os lados do Atlântico, e àquelas conversas que lançam uma ideia sem imaginar o que acontecerá mais adiante nesse arrebatamento.

Uma boa parte da ciência que conto nestas páginas foi feita durante os anos vividos em Nova York, Paris e Buenos Aires. Agradeço aos amigos e amigas desta fábrica de ideias: Charles Gilbert, Torsten Wiesel, Guillermo Cecchi, Marcelo Magnasco, Leopoldo Petreanu, Pablo Meyer, Eugenia Chiappe, Stanislas Dehaene, Jerome Sackur, Laurent Cohen, Ghislaine Dehaene--Lambertz, Fabien Vinckier, Véronique Izard, Dan Ariely, Pablo Barttfeld, Ariel Zylberberg, Diego Fernandez Slezack, Facundo Carrillo, Joaquin Navajas, Cecilia Calero, Andrea Goldin, Juli Leone, Diego de la Hera, Diego Golombek, Agustín Ibañez, Rocco di Tella, Sidarta Ribeiro, Marcela Peña, Albert Costa, Mariano Sardon, Bruno Mesz, Gabriel Mindlin, Martin Beron de Astrada,

Ramiro Freudenthal, Tristán Bekinschtein, Pablo Polosecki, Martin Elias Costa, Ramiro Freudenthal, Kathinka Evers, Carlos Diuk, Juan Frenkel, Andres Babino, Alejandro Maiche, JuanValle Lisboa, Jacques Mehler, Marina Nespor, Antonio Battro, Sindey Strauss, Andrea Moro, Silvia Bunge, Susan Fitzpatrick, John Bruer, Elizabeth Spelke, Manuel Carreiras, Andrew Meltzoff, Andrés Rieznik, Matías Lopez, Guillermo Solovey, Marie Amalric, Fede Zimmerman, Diego Shalom, Juan Kamienkowski, Adolfo Garcia, Hernan Makse, Alejo Salles, Santiago Figueira, Jacobo Sitt, Sergio Romano, Maria Luz Gadea, Julia Hermida, Edgar Altszyler, Andrea Slachevsky, Rafael di Tella, Ernesto Schargrodsky, Lionel Naccache, Liping Wang, Luis Martinez, Pierre Pica, Hal Pashler, Kim Shapiro, John Duncan, Claire Landmann, Nacho Rodríguez, José Luis Merlin, Lisandro Silva, Jorge Drexler e Fernando Isella.

Este projeto nasceu do desejo de encontrar ferramentas para melhorar alguns aspectos da minha vida, de forma fundamental nas minhas ligações mais próximas. A essas pessoas, que sabem quem são e não precisam que as nomeie, meu mais profundo agradecimento. O mais amoroso. O mais vital e encantador que consigo imaginar. Tenho muita sorte; tento lembrar disso sempre em minha *pequena serenata diurna*, em um exercício de gratidão pelas coisas que dão sentido à vida. Estou rodeado de pessoas boas, amáveis, inteligentes, divertidas e adoradas que amo com toda força do meu coração. Essa viagem é com elas e para elas. Parafraseando Montaigne: "São a matéria deste livro".

ESTA OBRA FOI COMPOSTA PELA ABREU'S SYSTEM EM INES LIGHT
E IMPRESSA EM OFSETE PELA GRÁFICA SANTA MARTA SOBRE PAPEL PÓLEN NATURAL
DA SUZANO S.A. PARA A EDITORA SCHWARCZ EM JULHO DE 2023

A marca FSC® é a garantia de que a madeira utilizada na fabricação do papel deste livro provém de florestas que foram gerenciadas de maneira ambientalmente correta, socialmente justa e economicamente viável, além de outras fontes de origem controlada.